開店指難

第一次開獨立書店就□□！

這本書，獻給所有一路上曾經幫助過小小、支持小小的所有人。

沒有你們，沒有小小。

小 Small
小 Small
書 Book
房 shop

小小書房1.0．新北市永和區竹林路179巷20號

小小書房2.0．新北市永和區復興街36號

小小書房3.0，新北市永和區文化路192巷4弄2-1號（現址）

圖示索引

經營獨立書店會遇到的事
透過圖示來檢索

目錄

附錄

自序

最糟也是最棒時代裡的小書店

開書店是你的夢想嗎？

幾乎每一個來訪問我的人都會問：「開書店是你的夢想，怎麼會想要開一間書店？」會這樣問，我想也許是因為在部落格「開店日記」裡的第一篇〈一個長久的夢想〉所致。事實上，在決定開一間書店的那一秒之前的人生，只有一次很偶然的機會裡，我曾提到開書店這件事。

很年輕的時候，一個朋友介紹我去應徵一個工作，老闆希望我去掌理一間餐廳，可以自行規劃，等於是讓我開一間餐廳。雖然大學時在餐廳打工過，進入職場後，一直待在後勤企劃單位，做文字工作、在平面媒體混來混去的自己，從沒想過要去管一間店。此外，我對於那位老闆的理念不完全認同，又苦於不知該如何拒絕，因此隨口說出，我不想開餐廳，我想要開一間書店。他瞬即神情發亮，開始問我想要開什麼樣的書店，我天馬行空想像，描繪未來書店的模樣。他聽了之後問我：聽起來你已經都想好了啊，為什麼不去做，是缺資金嗎？

我愣住了。他詢問的口吻就像是，只要我說了：對，缺資金，他馬上就會願意掏出一筆錢來投資我似的。我慌了，開始說了許多還不能當下去做的理由，每一個理由在他聽起來都如此薄弱。

這件事情，成為一個種子，埋在我的內心深處，但我並不知曉。除此，這席對話也讓我明白一件事情：當你說很想去做一件事，卻遲遲不動手時，那表示你並不真的想去做它。至少，在當下是如此。

錢不會是問題，問題在你的心與意念。

二〇〇六年四月，我從台北國際書展基金會的工作離開，在非我意願的狀況下被解僱，什麼事都打不起勁的情況下，每天睡醒看大量漫畫，沒法做其他事。然後，開始有人要找我去面試。十年的職場生涯，我經常選擇一種比較自由的工作型態，通常是變動性比較強、或草創型的單位，這樣的單位需要大量的腦力與時間投入，相對的，它也比較容許挑戰原有的規則。我喜歡這樣的工作，甘於在幕後。十年職場之後，也許是還沒有休息夠，也許是厭倦了我曾經投入的文化行業，讓我最終發現，那些口頭說願意投資多一點時間給文化的老闆，最後都希望可以找到一個快速的盈利模式，把他們投入的資本賺回來。

說是「厭倦」，但也還不到完全轉身離開的地步。像是一種長年的疲憊，面對著請我去面試的單位在他們的公司資料上寫著，他們將在文化上如何投資的美麗詞語，我知道我無法說服自己信任。

疲倦，還包括在草創型單位工作，沒日沒夜是常態，休假日也常常跟朋友的兜不起來，幾年下來，親友疏離。我想起大學時常去的一間登山用品店，那個老闆曾經對我說，他從職場離開，開一間店是為了「休息」，為了可以讓山友、親朋好友能夠有一個場所相聚。

就在頹廢度日的某一天，我想起這件事。想到開店，或許，它是可行的。

開店是為了「休息」

「開店＝休息」這個概念非常難理解，它的抽象性意義大過於實質。因為開店非常累，職場工作裡的休假日，此時對開店的人來說已經完全不同。別人的休假日代表著你會需要繃緊神經、備戰，迎接假日可能會來的人潮。此外，開一間店意味著你哪也去不了，名為「開店監」。這些，在開店之前我都很清楚，但也不會覺得困擾。性格上，真要「宅」，我可以一兩個月都不出門完全沒問題。

只要有書就可以了。

決定要開店時，還沒想到要開書店。幾年前求職時胡謅的那間「夢想書店」的事件，早就不知道被我埋到哪個深海裡。當時我非常喜歡去公館的挪威森林，也知道雖然咖啡店生意看起來還不錯，但老闆阿寬跟我說過，其實很難賺錢。作為一種生活方式可以，賺不了什麼錢。雖然腦袋裡也有閃過「來開咖啡店吧」，但一想到像我這種煮咖啡自己喝可以、技術連半吊子都稱不上的人，如果就去開一間咖啡店，那等於是侮辱像阿寬這種煮了一輩子咖啡的人。

開一間店，應該要從自己最擅長的事情著手吧？那我擅長的是什麼？看書、寫字？總不能開一間寫字房吧。那，書呢？

一瞬間，記憶之門突然打開，「夢想書店」的回憶像傑克的豌豆般迅速狂野魔長，占領我所有思緒。

鄉鎮小書店養大的小孩

為什麼不能是書店呢？那可以說是我生命歷程裡最常出沒的店啊。

在我成長的故鄉台南，當時的博愛路（現在稱為北門路）是一條書街。從火車站正門出來左轉，沿著博愛路會遇到許多書店。求學年代與我關係最緊密的場所，除了圖書館，就是書店。放學會經過書店，那麼多跟教科書長得一點都不像的書，隨便你從書架上挑一本都是一個陌生的世界；你還不懂得判別什麼書是好的壞的，站在書架前面，你永遠驚異這個世界上有這麼多的書，這麼多陌生而迷人的心靈；你把零用錢一點一點攢起來，換走一本又一本的書。

閱讀，從那樣的時刻起就不再跟升學必須的教科書有關。

教科書有多麼無趣、死板，書的世界就有多麼繽紛、多彩。

我在那樣的環境裡長大，書店就在我的生活圈裡，跟呼吸一樣自然。

當我為了求學北上離家數十載、之後出國留學再返回台灣時，還看不出書店正要走進黃昏。

你怎麼可能看得出來呢？大學時期經常流連忘返的溫羅汀書店，得花上一整個下午才有可能逛個幾家，荷包不夠啊，時間不夠啊；你沒有經歷過重慶南路的風華時期，你不知道光華商場曾經有傲人的舊書市集，更不要提在愛書人口中的牯嶺街。直到有一天，你回到故鄉，站在已經被改名為北門路的街上，困惑地看著僅存的一兩間書店時，你意識到，書店，正在消失。

應該說，小書店在消失，因為當時連鎖書店還在擴張，一間間裝潢亮麗的大型書店進駐城市裡人潮最多的地點；網路書店才剛成立，博客來還在敦化南路台灣企銀樓上一間非常小的辦公室裡，還看不出它未來的一舉一動，將足以撼動書業。

那大約是一九九七年。紙媒還可以呼風喚雨的年代，網路世界在台灣剛起步猶稚嫩，大家對這個新的工具還不夠熟悉，因此它還未全面進入人們的工作、娛樂與交際生活裡。再過不到十年，當我準備要開書店時，書業已經進入寒冬，書店沒辦法盈利，這是現實。也就是說，我選擇在書業開始走下坡時開書店。

當時的想法很天真：如果是書業最好的時代，那表示你有很多競爭者；最壞的時代投入，找到立足的方式，或許更有機會被看見。開書店的念頭冒出來，諮詢過許多出版業的前輩、開始寫部落格文章之後，這個念頭就越加堅定。

為想讀書的成人開的書店

一九九七年從莫斯科結束學業回國，一度不太能適應台北生活。我很想念在俄國時，朋友每週相聚，一起做菜、聊天談心的日子。台北的人際疏離，而我又不想要回台南，離父母太近，束縛感很重，想一想便決定回莫斯科念博士班。決定之後，一邊著手準備就學資料，距離出國的日子大概還有半年，當時有朋友跟我說，永和辦了一間社區大學，理念很好，我可以去遞課綱當儲備講師。想來，這半年也沒什麼重要的事要做，念書拿了學位好像對社會也沒什麼貢獻，不如去試試看，作為一點點給社會的回饋。

從這裡開始，我的生命轉了一個非常大的彎。在永和社大，一開始是教俄國文學，這麼冷門的課，竟然還有七、八個同學來上，開課沒多久，我就發現他們不是對特定哪個區域的文學感興趣，而是渴望了解文學的世界，後來就改教世界文學課程，並且每學期一定都會挑選一本台灣作家的作品閱讀。

社大的經驗讓我理解到兩件事：一是，社大學員與一般大學生相較，你可以看見主動與被動學習的熱誠差異極大，然而國家並未想要將教育資源放到成人教育這一塊，社大一直在經費上非常拮据、辛苦。第二件事情是，文學作品的閱讀，即便是毫無閱讀經驗的成人，他都能夠從自身的人生經驗裡獲得高度共鳴。但是，他們沒有管道可以接觸。

在社大教課改變我一生最劇烈的是，我決定不拿能夠讓我有機會進學院教課的博士學位。此外，我希望自己終生都能夠將自己所學的文學專業，帶給更多沒有機會接觸到這個領域的成人。

開書店之前，我已經在社大教課五、六年。文學課程而言，進階精讀的課在社大比較難開成，人數無法累足；而跟著一起上了幾年課的同學，我覺得在社大開的基礎、廣泛式的引介課程，已經無法滿足他們。如果開一間書店，在選書上能夠做到讓這些成人無論帶走哪些書都能夠精進與成長，搭配精讀、小型的讀書會，那麼小小便能承接那些需要進階課程，卻無處可去的學員。

此外，開書店前，我在職場將近十年，有很多朋友都還是上班族。上班族的生活很容易消耗、磨去一個人的創意與想像力，人際關係也會隨著工作的時間越來越久，圈子變得越來越小。為了開書店去諮詢一個出版業前輩時，我問她，有沒有遇過常參加誠品的活動，然後變成好朋友的範例，她想了想，說，還真的沒有。雖然可能會遇到熟面孔，不過要攀談或者進一步接觸，就需要更多的動力或契機。

我希望，有那樣的一間書店能夠讓人們自然相遇。透過書、閱讀的種種活動，變成好朋友。因此，小小一開始設定的主力目標族群，就是二十五到五十五歲之間的上班族，希望書店能夠成為提供他們養分的場所，重新找回生活的創意、創造力與想像力。照顧好這個社會的中堅族群，他們才能夠撐起整個社會的活力。

獻給未來的書店

十年間，我們的會員也從青春走進壯年，結婚、生子；念國小的孩子上了高中、大學，出國念書；當兵，當完兵，求職，就業；從壯年走進中年，徬徨人生的路是否要這樣繼續下去；從中年步入老年，想念書店，但已經不能像過往那樣想來就來。一間十年的書店，珍貴的是我們彼此陪伴、經歷的歷程。

牽著孩子，或者推著娃娃車走進書店的讀者，這是為你們，也是為你們的下一代開的書店，有一天即便我們消失了，孩子的記憶裡會留著書店的樣子，就像當年我走進那些小書店，記得那些書架有如溫柔而強大的巨人一樣，扛起世界；手牽手走進書店裡的伴侶們，這也是為你們開的書店，無論這個世界曾經如何傷害過你們，小小永遠站在你們這一邊；還非常生澀，還沒有建立起自己讀者群的新人啊，只要你的作品是夠好的，我們不會管你是否知名，在這裡你永遠都有發聲的機會；不知道未來的路該怎麼走的、希望可以重拾閱讀的、害怕踏出一步重要決定的、感到孤單的……在小小，總會有你能夠感到安適的一個角落，讓你慢慢調整自己的腳步。

或者，你也許會離開，去到很遠的地方，但在你的記憶裡，會記得有一間書店，你會在世界的各處，也找尋那樣的書店。

為什麼不能是書店呢？那一直是我眼中的宇宙、迷宮，滋養我一生的，最美麗、繁複又單純的所在。一個將會串起我的過去，我們的現在，你們的未來的所在。書店，是在最糟的時代裡，能夠與時代最好的部分相遇的所在。

為什麼，不該是書店呢？

首先，這本指「難」預設你開店前已經辦好（或者正在辦）營業登記。這件事情沒什麼好教的，因為當初我是花了八千塊請會計師幫我辦的。營業登記的部分，現在的流程很簡便的，基本上開一間店的諸種「難」，它應該反而是最簡單的。另外，每個月的發票、跟國稅局之間的帳務，也都是交給會計師去報稅——當然你也可以自己報啦，只是我覺得，有些事情還是花錢請專業的，可以省下時間去做你更專業的事情。

第一難

錢要如何花在刀口上？

裝潢・進書・租金・保全、保險

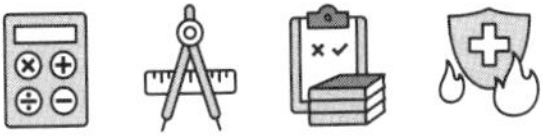

沒存款可以開書店嗎？

開店之後有一年，一對非常年輕的女孩來詢問我開店的一些細節，她們談了一些想法之後，我問她們存了多少錢要開書店，其中一位說：「沒有錢可以存。」她們即將從學校畢業，準備申請文化部「一桶金」計畫，如果可以申請到五十萬，就可以去申請她們夢想中的一個地點開店。

傳統思維裡，聽到沒有存錢便想開店肯定會大驚失色，不過，在當時的我聽來，她們其實已經統整好各種她們能夠利用的資源。尤其在文化部成立之後，為了鼓勵新創文化事業，也特別將獨立書店納入計畫裡；提出合適、別具創意的計畫，便可以拿到一筆小額開店金。此外，台北市也有釋出一些空間、地點，可以讓文創事業以比較低的租金申請進駐。因此，對我來說，問題並不在她們沒有存款，而是她們選的地點、實際開店之後的執行細節，才是重點。

開一間書店多少錢才夠？我遇過的例子裡，有準備了四百萬存款，也有二十萬就開了一間書店的。用二十萬或用兩百萬開一間書店，金額差了十倍，兩間書店規模必定不同；但是它的資金分配比例，是有規則可循的。一間店在營運前必須要花的固定成本是裝潢、設備、進貨成本，以及開店立刻需要支出的有租金、水電費（至少兩個月後就會收到），以及，假如有請人的話，也會需要人事費用。

由於我不是一個每分錢都計算到非常精準的人，因此在籌備初期，「能省則省」便被我奉為圭臬。不過，要謹守界線，等到開工後便知道，「要把錢花在刀口上」，那真的是一件非常困難、逼近「藝術」的事情。

一萬五千元的門

首先是裝潢、施工。請設計師規劃，帶他的工班，跟自己規劃找工班，或者找親朋好友一起動手，到底有什麼差別？這一點在裝潢那一章我會再詳談。每一個人對於一間店的要求不同，因此，哪些錢花得「實在」、「必要」，有時在第一時間不是那麼容易判斷。

小小1.0落腳在永和竹林路上。還沒踏進書店前，會先看見一個小陽臺，左邊擺了一張圓桌、木躺椅跟小DM檯。有些客人會先在DM架瀏覽一番，觀察一下店裡狀態，再決定要不要進書店。正門一整片落地玻璃門，一進門是新書平檯，沿著兩側白色的牆擺放一整排書架，書店中間是到胸口高的中島書櫃，結帳櫃檯是一張書桌，再往後則是童書區。藏在書店最後方的，是很小、很小的咖啡區，也是活動區。地板用仿木紋耐磨貼皮，看起來很像木頭地板，但它不是，是塑膠貼皮；燈光、地板、書櫃，一致都用木質色與黃光，來讓書店有一種溫暖的感受。

現在回想起那個小陽臺，我的心情有一點複雜——因為那個陽臺空間，是將整扇落地玻璃門往內推了將近一公尺換來的。內推這一公尺的代價是一萬五千元，為此，我還被鋁門窗師傅唸了好久。

他覺得我浪費錢。

「人家都是往外推讓營業空間多一點，哪有人在往內推的啦！」師傅不滿地雙手插在胸前打量著那一大片玻璃門。還沒往內推之前，如果你從巷口遠遠地看到小小的招牌，然後，歡天喜地迫不及待三步做兩步愉悅地往小小移動，「咻」

地立定在門口時，你的鼻子，就可以直接貼在玻璃大門上。

它離馬路，就是這麼近！

對於跟萬事萬物都需要一點點距離的我，這種直接貼著馬路的大門，我是絕對絕對絕對無法忍受。為了要創造那個「呼吸」的空間（我是這樣跟鋁門窗師傅形容的，他的表情好像看到外星生物一樣，一臉無法理解），我跟鋁門窗師傅就這樣僵持不下，最後，他一副「好吧反正你是付錢的大小姐」的表情，接受了委託。

幾年後，我還會不時糾結在這件事情上，偶爾會在腦海裡把那扇門抓來琢磨一番：「除了往內推，難道沒有別的省錢的辦法了嗎？」然後，只要腦海裡浮現從馬路口走到小小門口便會一鼻子撞上那扇門的景象，我就會失去理智的再一次決定：啊啊啊啊啊啊啊不管啦我要把它往內推！

總之，根本完全說不上有其他方案的一種任性的決定。

預估之外的花費

萬幸的是，類似此種無法衡量究竟錢有沒有花對的情況，在裝潢這件事情上，只有這扇門讓我無法理智。還有一些可以說是因為「自作聰明」造成的浪費，這就到裝潢那章再來細數好了（感覺好像「罄竹難書」）。設備以及傢俱的採買，在合適度與費用上，也花了非常多的時間評估（差不多熟練到可以去應徵大台北 IKEA 的動線專員或導覽員的程度），因此，讓我事後後悔到想切腹的情況是沒有的。

但是，人生是這樣，有些事情，你沒辦法事先預防——因為你根本不知道它會發生。

譬如，為了舒適以及價格考量，當初捨棄沙發選購藤椅。我當然不會想到，幾年之後，店裡進駐了兩隻黃大胖貓，喜孜孜地把藤椅當豪華貓抓板來用。

這種後來才發生的事，就只能認命。

進貨成本與庫存成本

在開店不能少的籌備成本裡面，首先要去估算進貨成本要預留多少錢。不然等你爽爽地把裝潢、設備都搞定之後，發現錢不夠買書那就糗了（應該，不會有人這麼，可愛吧？）

小小初期估算開幕時的書量為三千本。當年的成本估算每本約為兩百元（二〇〇六年噢，現在書價漲了，所以開店成本也會提高），也就是六十萬。這筆錢，通常廠商最晚在進貨一個月之後，會需要先拿到款項。因此，如果你沒有支票可開，沒有票期可以作為緩衝，你將在第一個月進貨就需要支付大筆現金。經銷商的條件通常都差不多，現金付款可以再打個折。因此，財力允許的話，用現金付款可以爭取比較好的進貨折扣。

透過經銷商進貨的折扣通常都是七折，分成稅內（開發票稅金內含）跟稅外（稅金外加）。為了讓大家很快地了解一間書店賣一本書到底賺多少錢，我簡化為以下算式（見表格一）：

假定：一本書定價三〇〇元，依據不同的進貨價，不同的售價，讓大家看一下賣一本書究竟可以賺多少錢。

這個表格意味著什麼呢？項次1跟2是小型書店最常見的進貨折扣，七折；項次4跟5是連鎖書店、網路書店最常見的進貨折扣。聰明的讀者不難發現，網路書店常見的七九折售價，比小型書店打了九折之後賺得還多。小型書店有沒有機會拿到六折、甚至低於六折的進貨價格呢？

項次	進貨折數	進貨成本	原價販售利潤／本	打九折利潤／本	打七九折利潤／本
1	進貨價七折（外加五％營業稅）	221	79	49	16
2	進貨價七折（稅內）	210	90	60 小書店最常見的利潤	27
3	進貨價六五折	195	105	75	42
4	進貨價六折	180	120	90	57
5	進貨價五五折	165	135	105	72 連鎖書店、網路書店最常見的利潤

表格一

有的，有兩個方式。不過在此之前，要簡單解釋一下書店跟經銷商往來是怎麼回事。書商跟書店往來的模式可分成：買斷、月結、銷結（差不多等於寄售）。傳統模式是月結帳：每個月的進貨扣掉退貨，就是你每個月該付給書商的錢。買斷的話，由書店方提出，跟由書商提出的考量不太一樣。書店主動提買斷是不想花時間對帳；書商提出買斷是怕收不到書店的錢。不過，無論是哪邊先提出，買斷書的折扣通常會比月結或寄售來得好。

因此，如果你希望可以拿到比較好的進貨折扣，你可以考慮買斷書；或者，繞過經銷商，跟出版社直接往來，都有利於降低進貨成本。但整體來說，一般小型書店應該將近七成以上的書，進貨價格都不會低於七折。這小小的%數，可是跟你的營收、利潤、生存息息相關的事。

我們再畫個表來看一下（見表格二）：

如果同樣，一本書定價三〇〇元，用小書店最常見的七折進貨，對照看起來沒降多少的六五折，以及連鎖書店、網路書店最常見的五五折，比較一下同樣是九折賣書，一個月如果賣掉一千本（每天約賣三十三本），到底賺的錢會差多少？

項次	進貨折數	打九折利潤/本	打九折利潤/千本
1	進貨價七折（稅內）	60	六萬
2	進貨價六五折	75	七萬五千
3	進貨價五五折	105	十萬五千

表格二

同樣用九折賣書，進貨七折跟五五折的差異，可高達四萬五千元！這個差額，可是足夠一間書店增加一個正職工作夥伴呢！

以量制價的進貨折扣合理嗎？

為什麼小書店談不到跟連鎖體系或者網路書店一樣五五折的進貨折扣呢？書商的說法是，連鎖體系進貨量比較大，又是送同一個倉儲，可以降低他們的成本。但我一直對這樣的說法存疑。台灣的貨運、物流是以箱數計算，就算同一個地點送兩百箱，他一樣收你兩百箱的錢啊，到底哪裡省了？

確實有不少人對這樣的說法是買單的。也有連鎖書店認為，因為他們進貨量多，加上理貨成本、倉儲成本，所以拿到的進貨折扣比傳統書店低是應該的。我也對這樣的說法感到無法理解：為什麼你要把公司開那麼大，成本卻是由書商，甚至是出版社來承擔？不過，也沒有見到出版社跳出來反對，想來願意幫連鎖書店省成本的出版社是不少的。

總之，費盡苦心想要降低進貨成本的我，在第一年進了不少買斷書。開店一年之後，就吃到苦頭了。當我盤點店內因為買斷書而無法流動的庫存量時，我便開始計算，十年之後，這整間店應該就會堆滿這些流動很慢的庫存書。這個景象太驚悚了，因此，從第二年開始，我便嚴格控管書籍買斷這件事情，除非很有把握跑預購、抓準讀者的荷包，不然我死都不進需要買斷的書籍。

雖然是這樣說，但十年內，依舊有零星的誤判。每一次的誤判，都會讓我更嚴格督促自己，絕對不能高估自己選書與行銷的能力！此外，對於進貨成本太高這件事情，我依舊是非常在乎的。因此，特別在此呼籲書商、出版社，為了一起生存下去，請釋出你們的善意，給我們跟連鎖書店不相上下的進貨折扣吧！

保全．保險

作為一個「過去的」上班族，我對於風險均攤（保險）這件事情沒什麼興趣。年輕時總覺得人兩腿一伸就走了，當時沒有想過，也有人兩腿一伸但是其實走不了的狀況。萬一發生這種遺憾的事，有合適的保險就很幸運——至少，不會造成親朋好友的負擔。

開書店要保險這件事情，我是到開店第三年，小小被偷了之後才投保的。小偷利用週日晚間（通常那天晚上，店家累積了三天營收還未能存到銀行），同事關店之後，從屋後很小的窗口爬入偷竊，然後從門口大搖大擺地離開。同事隔天一早開店時，發現大門洞開，嚇傻在門口。警察一到現場就知道是行家所為，只偷重要物品與現金。

當時的同事提到，那天收店前，好像聽到屋後有聲音，但她沒有去看。這件事把我嚇壞了，火速找了保全公司來評估。為了同事收店安全，我決定裝保全，況且保全公司還有小額度的現金竊盜險（五～十萬元），對於小型店家來說是足夠的。保險當時也一起保了，因為被偷而產生的危機意識，讓我聯想到，萬一發生火災，整屋子一燒，哇，不僅貨都沒了，還得賠房東、賠鄰居。

超級悲慘。萬一發生這種事，我可是連去賣腎賣肝都賠不起，還是平攤一下風險好了。

搬遷到2.0以後，營業時間內發生了竊盜事件：客人一隻新的iPhone在店內被順手摸走，隔幾日，工讀生整個背包被偷走的誇張事件，我堅持許久不裝監視器的決心，就此被擊得粉碎。於是，跟保全公司討價還價之後，以我能接受的合理價格，加裝了監視器，並有回溯、存取檔案的功能。這套保全裝備，也就一直沿用到3.0。

商業保險也隨著需求增加而有了漲幅。莫拉克颱風那一年

（二〇〇九年），社區淹水淹到小小的臺階第二層，再來就會淹進書店了！被嚇傻的我，立刻決定加保颱風、地震險，貴到淌血！但是，有了商業保險跟保全之後，每天晚上睡覺可以睡得比較安穩。雖然以小店的能力來說，這兩筆花費並不算少，但以換來的安心感跟對未來的保障而言，這筆花費是我認為最可以稱之為「花在刀口上」的支出。

噢，對了。我們唯一一次使用回溯監視器的功能，是剛搬到3.0不久。有一天，我發現我每天拚命上架的新書，好像消失得很快，問題是，印象中，每日營收也沒有到驚人的地步。剛好有一本書，前一日我確定它應該在某處，隔天遍尋不著，在那附近找了一下，怎樣也找不到，要是客人亂放，那我們就算找遍整間店也不見得找得到。於是，我決定用監視錄影器回溯功能，看一下到底被客人隨手放到哪裡去。

沒想到，就此目睹了一樁驚人的偷竊案。十分鐘左右的時間，這位客人依我們目測計算，大概帶走了將近二十本書，咻咻咻地掃進他攜帶的大購物袋，然後從大門從容離開。

後來雖然找到偷書的人（因為他隔天穿同一件外套，帶同一個提袋出現了，算是抓到現行犯），但這對我來說，是一件傷心事。人真是有夠鄉愿的，明明監視錄影器的功能就是如此，我卻為它發揮了它應該有的功能而感到遺憾。

到底，開一間店，錢該怎麼花才能算是花得正確呢？這真的是，非常、非常困難的一件事啊。

第二難

書店開在田中央不行嗎？

地點・租金・生活圈

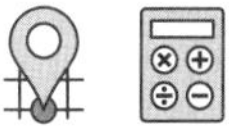

在你的生活圈裡開書店

開書店之前，我已經住在永和將近十年。決定要把書店開在永和之前，我不是沒有考慮過其他地點——主要是公館、溫州街一帶，一來我討厭工作地點離生活圈太遠，二來，因為那裡是我在開店前最常去、也很喜歡的生活圈。原因嘛，當然是因為那裡書店最多。不過，把店開在溫州街有幾個基礎問題要解決：一是，那裡的書店那麼多，每一間的性格又如此鮮明：唐山、女書店、晶晶，你要如何跟前輩競爭？第二點是租金問題：雖然隔了一條河而已，但永和的商業租金或者一般租屋，都比右岸台北市低許多。因此，把店開在公館這件事情，很快就被我排除，即便有不少朋友覺得開在那裡很有競爭力，因為集市效應也是一項很重要的因素。

由於想到的第一件事情不是租金太貴，而是要開一間什麼樣的書店，這連帶也刺激我去思考，對於釐清未來書店的樣貌，非常有幫助。

最終，我決定開在永和，主因不只是我當時在永和已經住了許久，更是源自於喜愛：我喜歡它的蜿蜒巷弄，喜愛它雖然地小人稠，但是在現今的商業社會裡，還保留濃厚的小鎮氣味、人情味。這些偏向感性的理由，會成為一間店立足於一個城市之時，充盈在它的肌里血肉裡的細小因子。然而，開店做生意需要更精明的理由：它的人口多、屬於新北重要的文教之都，離台北兩大學府只隔一條河……此外，永和的位置緊鄰印刷廠大區中和，往台北市的三座橋都可以很快到達多數的重要出版社，萬一需要取書、送貨都非常方便。

意即，它確實是不折不扣地落在新北與台北的交通樞紐位置上。這是它的優勢，但也是它的缺點。

擅用我城的優勢，改善它的缺點

在很多人眼裡，永和被稱為「臥室城市」——許多人居／租於此，生活、工作、休閒娛樂卻都在台北市。我住在永和的前幾年也是如此。那個改變的契機點，大約是在二〇〇〇年左右，我開始騎腳踏車探索這個城市，也是差不多在那個時期，進入永和社區大學授課。生活方式改變，進入的場域改變，有很多事情也會隨之改變。

慢下來接近這個城市以後，我觀察到有許多土生土長的永和人在我身邊，而且，他們的在地性非常強，許多人生於此，求學、工作、結婚、定居，世代都於此。因此，有許多永和人平日是「不進城」的，在地消費性很強。

這個觀察，也可以從不到五平方公里的永和，曾經能夠擁有兩間金石堂、一間新學友、兩間何嘉仁、兩間誠品來印證。光是從中正橋下來往中和方向，還沒到樂華夜市這一段短短的距離，就曾經有四間連鎖書店，相隔不到步行五分鐘的距離。

因此，倘若書店開在永和，就必須把永和周邊的愛書人口吸引過來，成為我們日常的基礎客群；而週末，則要讓更遠一點的人們，能夠往這個對他們來說一點吸引力也沒有的城市移動。

是的，無論是你多麼鍾愛的城市，對於其他城市的多數人來說，都需要有一個理由才會往那裡移動，也許是金城武樹，也許是清蒸肉圓或者溪河瀑布。

而愛書人去一個城市的理由往往可以很單純——為了一間書店。

我沒有想過要成為那樣的一間書店。我想開的是一間在你家巷口，你每天來逛都會很開心的書店。但我知道，如果有人願意為了我的書店遠道而來，那我絕對不能讓人家失望，我希望會有一間書店，讓你一踏進去，就會怦然心動、心跳加速，恨不得把架上所有的書都打包回家。

當然，前提是你要找得到它。

距離・社區人口結構・客層組成

這是我開小小1.0時所犯的第一個基本錯誤：它不僅離捷運站實在太遠，並且，對於非本地人來說，要在永和蜿蜒曲繞的巷弄裡找到它，差不多就像大海撈針一樣讓人絕望。

最初我找地點的方式，是從捷運站往周邊步行最遠可忍受的距離開始尋找，結果都不理想。差不多要放棄的那一天，我騎腳踏車要往橋下運動時，突然發現常經過的那條巷子有一間房子招租。店面是完整的長方形，最裡面有一個封閉式的內院，可以用木板輕隔間做成小咖啡區辦讀書會。因此，約了房東談好租金，就訂下來。

當時的錯判是，我認為它雖然離捷運站稍遠，但步行距離還算在忍受範圍內。然而，我沒有計算到找路的時間，以及非本地人面對陌生城市的不耐感。此外，書店鄰近的巷弄，雖然是通往台北市的便道，不過那是對於騎車以及開車的人而言。當附近街道是車比走路的人多時，也表示它不利於停留。進駐之後沒多久，我就發現那一區的家戶人口組成有兩種：一種是年輕夫妻有小孩的上班族，平日上班，假日舉家往外跑；一種是剩老人家跟外傭同住，親人假日雖然會回來，但家族聚會完就離開。因此，要經營鄰近社區讀書人口，顯得有點吃力。

原初規劃的客群組成是，熟客四成，遠道而來的客人三成，散客三成。當時的熟客，平日主要是鄰近愛好藝文的讀者、永和社區大學的學員，以及小小各項讀書會、寫作課程的學員，遠道而來的客人在週末維持一定的比例，但1.0的地點很難撈到過路客。偶爾深夜鄰近打烊時段，會有好奇停下車走進來的客人，但比例不高。

二〇〇八年迎來一波經濟風暴，我們很快同時流失了一定比例的熟客跟遠客，業績直落冰點，當時只有兩條路可以選：關店，或者搬家。

從天上掉下來的好房子？

2.0的位置離捷運站兩分鐘，距永和最古老的溪洲市場不到一分鐘，差不多就在市場口，從早到晚前方的巷弄都有人潮經過；社區在地人口組成雖然偏老化，不過它鄰近的租屋族非常多。因此，2.0的位置確實可以同時滿足熟客四：遠客三：散客三的完美比例。2.0經營七年，因為都更影響之故，我們被迫搬遷。

2.0的租金只比1.0稍高一些，但各項條件都大幅度「升級」。能夠租到這樣的好房子，運氣與機緣之外，還有一點是，開店之後，我也養成去永和當地各個商圈消費、觀察該區人口、客群組成的習慣——從一個消費者，轉換成經營者的角度去觀察，因此，在考量搬遷的地點時，很多評估就會比最初開店時精準許多。

很多人都知道開店地點最重要。不過，以獨立書店的規模、利潤，以及經營取向評估下來，就會知道，究竟是要把店開在面向大馬路或者開在田裡，各自的挑戰不同。面向大馬路租金高昂，人流多，意味著各項成本都會提高；開在田裡，要如何開發平日客流量，要如何提高客單價來補足較少的客流量，要如何讓客人停留在店裡的時間變長，行銷該如何規劃……等等，都會因為你書店的地理位置、交通、社區動線、鄰近周遭商圈的狀況而有所不同。

唯一不變的是，一間店決定好位置、開張了，接下來意味著，你的日常將緊密地跟書店連結在一起。你的日常，食衣住行，是以書店為核心向外擴散，而不是只留在書店內部——因此，從書店向外開發、經營、維繫你的生活圈與書店的關係，那才能真正改變一個城市跟一間書店的關係。而不是讓書店，成為城市裡的孤島。

第三難

裝潢找朋友或者自己來！

租金裝潢期減免・工班・工程重點、順序

你一定要知道的事：租金裝潢期減免

即便開店之前諮詢過許多前輩，但畢竟不可能每件事情都剛好能夠問得到，像租金裝潢期減免這件事，就沒有任何前輩提到過。這件事，是我的第一任房東主動提出來的。後來2.0、3.0我都提出同樣的要求，沒有任何一任房東覺得「誒你這樣很奇怪」。3.0的房東甚至說，如果需要裝潢到一個月半、兩個月也可以跟他說。

我婉拒他的好意，因為我並不想要裝潢那麼久！

一來是店面要搬家，就表示原來的地點「不行了」，你當然會希望早點遷到新處；二來，工班有時拖延太長，就會一直拖延下去，有個合理的速度與時程是最好的。因此，從1.0到3.0，裝潢期我都估一個月，工期務必要在這段時間完成。一間店的工程進度如下：

一、拆乾淨
二、水電線路重整
三、裝冷氣
四、木工
五、油漆
六、地板
七、水電二度進場，裝燈、各式設備線路（水電、瓦斯、音響、網路）定位、收尾

「拆乾淨」到底要拆多乾淨？

前一個租戶雖然通常會將設備啊、器具拆走，但往往還是會留下許多你不見得需要的東西，輕鋼架天花板的裝潢是最常見的，從1.0到3.0都有。由於1.0跟3.0的室

內都挑高許多，原先的天花板將室內空間往下壓，如果是做辦公室、教室，人進去感受不會太大，但書店的話，沿壁面擺放的書櫃大多都有一八〇公分高，如果離天花板太近，會很壓迫，因此，我會希望將輕鋼架全數拆除，線管盤整之後外露、噴漆，讓挑高的空間帶來更多呼吸的空間，創造舒緩的感受。

回想起來，施工在第一關就卡關算是幸運的——因為下述的拆工事件之後，我知道萬事不能找工人，要找工頭。

1.0的天花板裝潢被打了兩層，這是拆了第一層之後才發現的。也就是說，我的前一個租戶，為了省下拆工的費用，直接又打了新的一層裝潢上去。因為1.0的樓層真的挑得很高，即使打了兩層裝潢，看起來還是跟一般店家沒什麼兩樣。整個拆空之後，露出很美的天花板，把我驚傻了。

拆完之後，工班載了滿滿一車廢棄物等我驗收完畢準備走人。我一踏進空蕩蕩的店裡，眼前沿著牆壁壁面（差不多就是原先天花板的高度的地方），密密麻麻一整排的小黑點，非常明顯，醜得要命。我問工人，那是什麼？「釘子啊，原先打輕鋼架用的釘子」，那要怎辦？工人回說，你就用鐵鎚把它敲平就好了啊。

你開玩笑的吧，這樣我要敲到民國幾年。我沒跟他爭論，手機直接撥給工頭，他請我把電話給工人，不到五秒，一個從車上拿出某個器具，另一個默默扛起梯子，用那個器具唰的抹過牆壁。

原來牆壁的釘子是可以這樣一整排剪斷，剪得整整齊齊，油漆一刷，就看不見啦！

所以，拆乾淨的意思，就是眼前你看到所有不想留的東西，都要請拆工拆光光。拆班會根據需要拆的空間大小、需要拆除的物件、設備、工時等等來估價，請不要抱持著，這個是小東西到時候「順便」請拆工拆一下的想法。天花板、管線、地板，哪些要拆，哪些要留，要跟專業的拆班工頭好好討論清楚噢。

要「拆乾淨」，後續的工程才能夠順利進行。

空間設計圖要畫些什麼？

拆完之後，緊接著水電就要進場。他會需要你有規劃好的施工配置圖，他才能知道管線要怎麼拉，插座要留在哪裡，哪裡要架燈、音響、網路、電話插孔、水管等等。沒有施工圖，基本上他沒法做事。

小小搬遷兩次，三間店的空間設計圖基本上都是由我規劃；3.0則是由設計師朋友孫銘德協助完成工程施工圖。但我想，即便是你找設計師來幫你規劃，也不可能幫你想好你的書櫃要擺幾座、擺哪裡、哪裡要放桌子、椅子，結帳櫃檯、電腦等等的位置。因此，清空之後，首先要把整個空間的實際大小，等比例畫成平面圖，另外因為要放書櫃，所以要記得量高度、梁柱位置，以免有些地方書櫃擺進去之後發現太壓迫。

在畫空間設計圖的時候，要很清楚地標示出你想要預留的插座、每一座燈的位置。譬如左邊要架一排燈，要離牆壁多遠、每一座燈之間的距離是多少，都要清楚地標示出來。燈與燈之間的距離牽涉到照明度，因此不可能間隔太遠，以吊燈來說，通常都會估一公尺左右的距離。

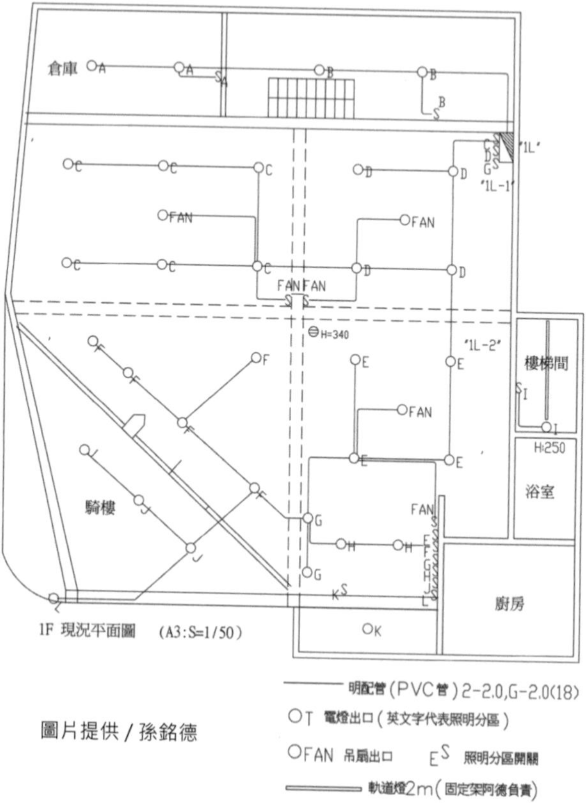
倉庫
樓梯間
H:250
浴室
騎樓
廚房
FAN
H=340
"1L"
"1L-1"
"1L-2"
1F 現況平面圖 (A3:S=1/50)
明配管(PVC管)2-2.0,G-2.0(18)
T 電燈出口(英文字代表照明分區)
FAN 吊扇出口
照明分區開關
軌道燈2m(固定架阿德負責)

圖片提供/孫銘德

一間店最重要的部分是照明，這一點在1.0時就沒有做得很好。當時是吊燈搭配加強重點照明的軌道燈。但十年前的軌道燈還沒有LED燈，一整天開下來熱度驚人，非常耗能，因此搬遷到2.0時，什麼燈都拆走，只把軌道燈留下。2.0的照明，書區部分房東當時已經裝有嵌燈，亮度也夠，省了我一筆錢。麻煩的是咖啡區幾排非常醜的輕鋼架燈，雖然亮度超好但實在太醜了，一排鋁箔紙似的假銀閃光，冷冷地照著花崗岩地面，讓我無法想像這將會是一間溫暖的書店。

貧窮裝潢術

2.0原先的空間是三扇大鐵門打開之後完全敞開，與街道之間毫無間隔。沒有讀者熟悉的玻璃門、木欄杆，那是我後來才裝的。但2.0的房東花了一筆錢將房子整理得很好了，壁面全新粉刷，地板也是新鋪的花崗岩地磚，質感還不錯。令人頭疼的是後來我們作為咖啡區的天花板，就是大家都無比熟悉的輕鋼架天花板。但那個天花板跟1.0的狀況不同，它沒法拆，因為上面是鐵皮屋頂。

這個天花板用的材質，是有一個個小洞的吸音板，應該是有點年紀了，所以髒髒的，再加上燈管裸露的輕鋼架燈，怎麼看都像倉庫（鐵皮屋區原本也確實是被人當做倉庫使用）。跟非常擅長油漆的朋友游政穎商量之下，決定將天花板改色，問題是，那些孔洞會吸油漆，這樣直接上漆的話，油漆費會非常昂貴。怎麼辦呢？

我們決定將所有的板子拿下來，批上一層補土再上漆。這個工程相當浩大，當時的同事、同事的男友、朋友、我，每天抓到時間就去把一個個板子拆下來批土，晾乾，等著上漆。當時真的是窮透了，只好動用親朋好友，以及員工的親朋好友一起幫忙。現在回想起來，應該會有更省力、省錢也省事的方法，但那時能想到的就是改色換漆，真是太辛苦了啊。

輕鋼架天花板油漆非常麻煩，板子可能還算好漆的，批完土刷一刷就好，難的是那個細細的鋼條，真是困難的、細緻的大工程，多虧了詩人好友游政穎仰著脖子辛苦漆了許久，才得以完成吶！

另一個讓我傷透腦筋的輕鋼架燈，意外地以難以想像的便宜方式解決了！由於咖啡區的天花板已經壓得很低，不太適合全部換成懸吊燈座，加上原來十多組的輕鋼架燈座，照明的亮度很好，日光燈管又是當時最省電的選擇，一心便往沿用輕鋼架燈座的方式思考。上網查了燈座的樣式，發現有一種全罩式的燈座，質感很好，為了美感全部換裝的話，至少要六、七萬元，根本沒預算！

不知道哪來的異想天開，突然想到，如果現行的燈座下方加一個壓克力的板子，就可以把醜醜的燈管遮起來了，可是這樣會不會影響到照明？為了這件事，查遍網路也無法得到專業的解答，只好硬著頭皮打電話諮詢專業的美術燈行。永和有一間「大富美術燈」，我們有兩支美麗的貝殼吊燈，就是在那裡買的。價格不菲，兩支燈的價格可以買IKEA六支吊燈。後來證明這個「投資」完全是正確的：量產的燈座雖然便宜，但是手工燈座的質感實在無可比擬。

大富是永和歷史悠久的美術燈行，專做家庭裝潢照明，非常專業。每次去逛大富挑燈，都會有一種「全世界最美麗的燈都在這裡了吧」那樣的感覺。那次詢問大富關於壓克力板是否會影響照明的問題，也是被上了一小堂課，結論是不會呦。真的怕影響的話，就切最薄的那種不就好了嗎？大富這樣提醒我。

哎呀真是太睿智了啊。結果每個燈座以差不多兩百元的價格，就解決了美感問題！

工程的順序很重要

如果你沒有找設計師協助，那麼各行專業師傅的建議便很重要：譬如裝冷氣，一定的空間要有足夠的噸數才能夠達到冷房的效果，不然反而會耗能耗電。工程的順序也是，當初如果不是做工程的朋友江佳燕、李秀輝夫婦提醒我要注意排序，肯定也會釀成「悲劇」。比方說，在油漆完成之前，所有的傢俱、器具都不得進門。萬一先買了，也絕對不要拆封，或者要好好、牢牢地把它們都封起來，要不然屆時這些傢俱、器具都會被覆上難以消滅的粉塵，不是會擦到哭而已，還可能會造成磨損，新品立刻變中古啊。

水電是唯一一個前後要進場兩次的工班。最先要將管線配置好，預留孔、線，這樣到時候油漆時，管線才會一起被上漆（除非你想要保留電線原來的顏色啦）。同理，冷氣也有管線，雖然銅管外面包的泡棉是白的，但是，白色也有不同的白；再同理，有木作裝潢需要漆成跟牆壁一樣顏色時，也要在油漆工進場前就先做好。但是，跟傢俱不能先進場同理，燈座也不可以先裝，這是為何水電要最後再來裝燈、將設備的管線接好定位之故（譬如吧檯有瓦斯管、接水管）。

油漆完成之後，整個工程也接近尾聲，若有需要鋪設地板，就可以進場施作囉。關於地板的選擇，最初籌備開店時，另一個好友也準備要開工作室，她想用木條拼裝成地板，或是用原木地板。為此，我大概走訪十多間咖啡廳，去感受不同的地板質感在一定時間之後會造成的變化。原木地板很快被我放棄，價格是原因之一，但另一個主要的原因，是原木地板雖然會隨著時光有美麗的變化，但磨損或者時間造成的滄桑感，會使得整間店比較像是二手書店，而不是新書店。新書店必須要保持著一定的光鮮感，在價格與效果的衡量下，便採用三釐米厚的耐磨地板（木紋貼皮）。實際使用的結果，它真的是蠻耐的，1.0要搬走時，那個地板看起來還是很新，讓我不禁懷疑：是否來客真是少到沒怎麼折磨到這個地板啊？

有些事，要讓專業的來

二〇一六年初因為都更，決定搬遷到3.0時，一位非常特別的朋友跳出來幫我。他是世新社發所的未畢業生，書念一念跑去三峽桃子腳幫忙蓋國小，就此栽入社區培力、教育領域，並且以他的專業，專門接小家庭設計裝潢的工程。他的設計理念跟坊間設計師很不一樣，如果你是個大忙人，想要全部都交給設計師來做，那你不太適合找他。孫銘德，朋友都叫他阿德，是一個會需要跟業主進行大量討論、釐清你真正需求的設計師。他會幫你省錢，但不會為你砍價，他會希望自己所投身的這個行業，每一個環節都保有最合理的利潤。

既然是念過世新社發所，當然對社會議題、弱勢議題、族群議題……等會非常關注，在理念上與我們非常契合。像拆班，他便找了三鶯部落的拆班。開了小小之後，我們會開始關注各種社會議題、弱勢議題，間接跟三鶯部落也有往來。既然都要找專業工班，三鶯不就是很好的選擇嗎？價格合理，而且整個空間拆得非常漂亮、乾淨。

3.0的設計裝潢上，阿德給了許多專業的工程意見。像照明，即便搬過兩次家，我對於照明的知識程度大概只從幼幼班升到小一，因此阿德便為我上了一堂專業的照明課，教我燈的各種知識。在他的大力推薦下，3.0的燈全部使用LED燈，電費節省的幅度十足有感啊！在他的協力下，工程圖中最複雜、重要的管線、設備、插座、燈座的位置圖一目瞭然，並由他協助與水電師傅溝通，他是讓第一階段的工程能夠順利進行的大功臣。

因為1.0跟2.0的工程都是零零碎碎徵詢各個工程師傅、專業朋友的意見，直到3.0有阿德協力之後，才真正讓我明白，有個專業的設計師可以倚賴，是多麼棒的一件事！深深感覺到，有些事，還是「讓專業的來」比較妥當啊！

一個空間由非專業的朋友群一起動手、一起享受開一間店的樂趣，跟專業工班施作的結果是完全不同的。對我來說，請朋友幫忙絕大部分是因為財力困窘，好友的話，一起吃頓飯可能就可以報答完畢，但非專業完工的品質，其實還是會有落差的。在財力允許的範圍內，我會建議，能讓專業的來，就讓專業的來。因為朋友的時間也是相當珍貴的，絕對不能抱持著拗朋友來免費做的心態噢，那可是比花錢請人來做，更難回報的珍貴心意呢！

第四難

採買？通通買IKEA的就好了啊！

傢俱的長寬高深・統合性・動線

置頂書架的優缺點

書店嘛，最重要的當然是書架，無論你還想要在書店裡擺些什麼，首先得先解決書架。大學時期曾經在宇宙城唱片行打工，當時的店長吳武璋（現在總管誠品音樂館囉）有句名言，大意是：訂進來的CD如果沒擺出來，放到庫存區就等於是「死了」；因此把CD好好的上架、擺出來，不要留過多的庫存是一件重要的事。這個觀念也影響我後來開店的書架規劃——書櫃不置頂到天花板，下層亦不做庫存櫃。每一格書櫃由於只有前方部分擺書，後方便會空出一些空間來，就利用書櫃後層的空間擺放少量庫存。

要規劃可以將書籍都擺放出來的書櫃空間，這是最初立定的方向。

關於書櫃，要考慮的重點是高度跟材質。非訂做的市售書架最高大約一八〇公分，假如天花板有二五〇公分高，往上還有將近七〇公分的空間，有些店家會訂做置頂書架，以容納更多的書。不過，以一般成年人的身高來說，超過一八〇公分高的書櫃，要拿書就得有板凳或者梯子協助。絕大部分的讀者（包括我）沒那麼勤快，最上方的書除非是絕版書、非得買下不可的書，要不然通常都一眼掃過就算了事。

也有將置頂書架最上方作為庫存區的。但是，書很重，若真要做庫存區，為了你以及同事的人身安全、工作效率（補書、盤點）考量，建議寧可用最下方書櫃，也別用最上層的。

材質方面，最初籌備開店時，我也會有「訂做書櫃」、「原木」比較好的心態。不過，時間久了便會知道，書櫃的「好壞」不在於材質，在於層板下方的支撐力。層板如果用實心木，光是板子就已經很重，再放上整排的書，支撐度不夠的話會很容易垮掉。市面常見的可移動式層架，兩三年下來就會把下方支撐層板的孔洞撐大，層板會撐不住，屆時就必須得補強。

不過，那是後來才學到的一課。

開始規劃1.0的書架時，由於經費之故，我決定採買現成的組裝書櫃，會比訂做的書櫃便宜許多。組裝書櫃最常見的寬度是六〇公分，一整排擺起來頗小家子氣；此外，六〇公分寬其實放不了幾本書，因此，我便特意尋找有足八〇公分寬的書櫃。這樣的寬度並不好找，廈門街、南昌街逛遍了，不是超過預算，不然就是有奇怪的、對我來說多餘的裝飾。理想中的書櫃就是長得簡簡單單，一八〇公分高八〇公分寬，五～六層櫃，其他什麼都是多的。那時看見傢俱行就踅進去看，想到就上網逛一下，終於有一天偶然看到一組，價格超實惠，三千元有找，而且還有「腳」！立刻刷下去海買了好幾櫃。這些書櫃，就是現在大家在小小看到的，童書區旁的心靈櫃、文學櫃一整排過來幾個有銀色腳的大書櫃。這種書櫃的詢問度很高，常會有客人逛一逛書店興奮地跑來問我哪裡買的，眼神散發出：這就是我尋找已久的書櫃！

很可惜噢，它已經是絕版品了。

另一個常被詢問的書櫃，是一七六公分高，一〇〇公分寬的厚實書櫃，有四座。它完全是實木做的噢，非常結實。它的「前身」是衣櫃——尺寸被做錯的衣櫃，是當時幫我施作的木工師傅送我的。

竟然有這種好事！

淡水有河book的老闆之一隱匿曾經說過，開書店讓她遇見許多不可思議的好人，我百分之兩萬認同，這等好事，真的只有開書店的人才會遇到。木工師傅是我做工程的好友固定的工班班底，他是這樣跟我朋友說的：我看你朋友開那個書店也很難賺錢，櫃子反正也是擺在倉庫，她自己出層板的錢，我幫她改成書櫃。

所以那四座「書櫃」我只花了層板三千元，便宜到讓我痛哭流涕。不過，它原來的顏色是非常淡的淺木色，跟隔壁一排黑色書櫃擺在一起，看起來就像沒穿衣服似的，超尷尬。油漆師傅看不下去了，就說：我幫你順便染一染好了。

如果你跟工班一起合作過，便會知道從師傅口中說出「順便」兩個字是多麼大的恩惠啊！這也是貧窮的書店業主才會遇到的一等一好事、一等一的好人（跪拜）。

這四座結實敦厚的書櫃使用的層板是實木心板，比我便宜買的組裝書櫃的合板重多了。為了支撐它，木工師傅鑽的孔洞也都有特別加強，即便如此，它還是「率先」就「垮了」一層。原因當然就是那些孔洞幾年下來逐漸被壓彎、撐大，因此層板便撐不住。簡單的解決方式就是去五金行買L鋼片釘在層板下方補強。

至於組裝書櫃的層板容易被壓彎變形一事，的確是會發生的。不過，每隔幾年我就會做一件有人警告過我「那樣不行，會斷掉」的事情：把層板上下翻面使用，讓它再「彎回去」。效果蠻好的，至今還沒有任何一個層板斷掉而被淘汰掉噢。

關於書櫃，其實我最喜愛的是角鋼櫃，價格實惠堅固又耐用。我曾經看過有整間店的置物櫃、書架，把角鋼櫃重新漆成非常好看的灰綠色，走極簡風、未來感強烈，很好看。不過，那畢竟不適合我心中為小小所訂的暖色調，就把那樣的喜愛，擺在心裡就好。

平檯、中島櫃的作用為何？

假如有讀者曾經踏進那種遍布台灣各鄉鎮的小書局，便會發現，大部分的書局沒有平檯陳列，即便有些空間大一點的傳統書局有擺較矮的中島書櫃，大概也都是等身高，站著看書看不到另一邊。平檯陳列、中島書櫃的空間規劃，常見於空間較大的連鎖書店，如金石堂、誠品等。

對我來說，一間只有二十多坪左右的書店，要創造的不是更多擺放書籍的空間，而是要爭取能夠讓人，以及書在這個場所裡的「呼吸」空間，因此，從1.0到3.0，小小便有「平檯」、「中島」以及「高櫃」這三種形式與高度不同的書籍陳列方式。平檯很容易理解，一進門就要把客人「黏住」，因此推薦書、重要新書，一定都會先放在入口的平檯。

中島櫃則是為了爭取書店的「呼吸」空間而存在的書櫃形式。它的理想高度大概是到成人的胸前，即便人站在書櫃前，視線也可以毫不受阻隔地將書店一覽無遺。不過，合宜高度與寬度的中島書櫃並不好找，很多書店的中島櫃都是專門訂做的。因為價格之故訂做書櫃在一開始就被我排除，因此，尋找合適的中島櫃，也是當年的超級任務之一。

除了傢俱行、網路購物，另一個添購設備的好地方是IKEA跟特力屋。不過，你不能整間店都是同一個賣場來的，那樣會很像該賣場的「樣品屋」。但是，多逛這些賣場的好處是，他們的樣品擺設，可以讓你想像成品放在某個空間裡的樣子。因為傢俱、設備都是立體的，如果只是紙上平面構圖，缺乏層次感。物品進到空間之後的立體層次要如何琢磨？逛賣場時，每一次面對眼前的傢俱、設備，我都要試著把手上抄寫的尺寸數字，轉換成眼前物品的大小、高矮、深度。每次看到覺得「嗯，這好像可以」的傢俱，就要仔細地記下物件名稱、長寬高深，價格，然後回家對著空間平面圖思考、比畫。尺寸在這種時候比看得見樣式的照片重要，因為你得知道你規劃的空間裡，要如何安置、擺放它們。

此外，實際使用、試坐很重要。譬如，絕大部分餐桌、書桌的高度是七十五公分，但那是多高，坐下來是什麼感覺，一張寬一二〇公分的桌子是什麼感覺，跟椅子的高度要如何配合，我都得一一在現場試過、試坐，才能比較。

以外型來說，I牌的傢俱確實很有優勢，也很容易吸引我，但因為在購置書架、傢俱之前，許多好友紛紛對我這個買東西屬「外貌協會」者施加恐嚇：千萬不要買I牌的書櫃，非常容易搖晃、彎曲，很難用啦啦啦啦。不過他們其實不用太擔心，因為除了「外貌」，我也是個價格至上者，奉行「貨比三家不嫌多」的精神，並且，對於某些「細節」有一點執念。譬如，以書櫃而言，從頭到尾我都沒有考慮過I牌某暢銷型號的高櫃。它太高了！立刻Out！二〇〇公分高的書架，讓我這不到一六〇公分的身高杵在它面前就覺得壓力好大好想逃走。雖然它的寬度（八〇公分）跟深度（二十八公分）都很完美，但光高度一項就可以讓我經過它一百次都不會心動。

對。購置店內用品時，把「**所有的條件嚴格列好**」之後，決勝負的就是那種一眼看見「怦然心動」的感覺。我設定的中島櫃，一樣要簡約、沒有多餘的設計、書櫃最底下一格要離地，要不然已經這麼矮了，最底下的書會被忽視，且容易積灰塵；寬至少要有八〇公分，不能太深，高不能超過我的胸口……總之，設定超多。沒想到，有次又去IKEA做功課時，在一堆書架裡，我突然發現眼前的BILLY矮櫃超完美，所有條件都符合！它唯一的缺點是有點貴，但在當時逛盡所有我可能想得到的賣場之後，我很明白，不是BILLY，就是訂做了。想到得走上訂做之路，突然覺得眼前的BILLY價格好親民。

「比較法」，一直都是很好用的。

空間的統合性與動線

有一種店的設計風格能夠將各種不同材質，甚至不同年代的傢俱、設備，混搭得非常諧和。由於我沒有具備這種才能，因此，作為空間視覺上協調的最懶惰方法，便是盡可能使用木質，或者質感、顏色相近的材料，來跟書櫃搭配。以椅子來說，除了木椅，藤椅也很不錯，塑膠椅、壓克力椅不行，鋼椅視覺上可以，觸感上我不行。光線選擇黃光，除了讓書店有溫暖的感受之外，黃光下的任何東西，也都會被籠罩在一層相似的光暈底下，比較不會像白光讓物件原有的色澤過於突出。

另一個創造呼吸空間的重點，對我來說即是動線的安排。書架、書桌彼此之間的距離，基本上都不能少於一〇〇公分。這是考量到有行動不是那麼方便的讀者，或者兩人要在書架間錯身之時，不會覺得尷尬與侷促的最低限距離。每一個傢俱的安排，都不能擋到客人要前往某個書架前的意願，但對於空間並不是那麼寬裕的小型書店來說，理想如此，要徹底執行非常困難。尤其開店越久，就越容易「滋生」堆積的庫存、書箱等等，2.0的狀況便是如此，非常傷腦筋。搬到3.0之後，書區旁邊有一個小型的倉庫（非工作人員無法進入），因此現在我們比較不用擔心書區的動線會被打亂或阻礙。

咦，不是說不要有庫存空間嗎？是的，以進書而言目前準則依舊未變，倉庫的庫存是小小後來成立的出版品牌「小寫出版」的庫存書。它當然也會被拿來放一些我們暫時還無法處理的書籍、雜物等等。因此，如何讓倉庫不在經年累月之後成為寸步難行、所有東西進到倉庫就找不到的窘境，就變成另一個要嚴肅以對的大問題了！

第五難

到底要賣什麼書？跟誰進貨呢？

書單・進貨・進銷存帳務系統

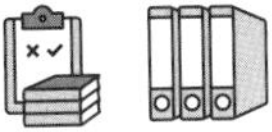

要賣什麼書很難決定嗎？

原本，想開書店，理當對該賣什麼書胸有成竹才對。但真正要進入執行面時，才想到，書這麼多，不設定個範圍是要從哪裡開始挑？因為我研究所念的是俄國當代文學，比較熟悉的書也幾乎落在當代範疇，往前最多推到現代；再更往前、十八世紀以前的話，程度陡降至「幼幼班」。於是，就決定以當代書籍為主。以文學為主軸，兼選人文歷史社科類、藝術（廣泛地包含電影、攝影、音樂、建築、設計）、心理學等等。

看起來範圍縮小許多了吧，可惜事實不是這樣。以文學類來說，作家那麼多，文學研究、理論、評論也很多，要不要選？幾乎每一個類別都會遇到這樣的問題。或者像哲學類、當代思想大師的原典，台灣有譯本流通的，比研究大師的書還要來得少，怎麼辦？哲學、社科類還有很多像是大學教科書的，要不要選？這些種種，都是實際進入書單挑選時會遇到的問題。

通往選書之路，就是要把每一個冒出來的問題，仔細斟酌、評估、決定。評估的方法，一是衡量每一類別之間，有沒有共通性。譬如文學是以著作為主，評論為輔；那麼，哲學、人文社科類是否也可以朝這個方向來選，以大師原著為主，評論、談論各個思潮派別的書籍為輔，往這些方向來蒐齊。如果繁體版沒有，就進簡體版的補齊，繁簡都沒有的，就進英文版；再則，要根據你所預設的「理想讀者」的程度來選書。所謂的理想讀者，不是指走進書店的既有讀者，而是指，跟書店能夠一起成長、透過一本又一本的書，彼此激勵、一起前往閱讀更廣更深領域的讀者。根據這樣的主軸，所有類別的書，都是以「中間偏難」的方向來挑選，幾乎不挑實用性的書籍（但可以訂購）。

書單哪裡來？

決定好選書方向之後，接下來就要挑書了。書單的建立，不是指「打開一個Excel表」，上博客來、誠品或金石堂，把撈到的書名貼到Excel表去，然後寄給廠商。用這樣的方式挑書，會有很多書被遺漏。要知道，網路書店的資料庫裡，雖然有著數十萬筆的書籍資料，但搜尋引擎不一定撈得出來。此外，因為各種因素沒有被網路書店上架的書，也為數不少。因此，決定選書方向，就要開始聯絡出版社商談合作意願。有些他們會採取直接往來，有些則會將你的需求轉給經銷商。無論是哪一種，都是要從往來的書商那邊，拿到他們的總書目。

通常，書商都會有電子檔的總書目，有些還會每年印製精美的圖書目錄，因為電子檔只有書名，圖書目錄會有圖片與簡單的介紹，大量選書時比較容易挑選。這些在初期進書的時候，都是非常重要的書單來源。籌備開店期間，每天奔走工地、各項雜務之外，回家就是抱著這些目錄，打開書商給的電子檔，一本一本勾選。

能否選到好書，還是跟經驗有關。書看得夠多，書單也看得夠多，自己就會歸納出一些準則，哪些出版社是以出版哪些書籍為主，製作品質、翻譯品質如何，哪些譯者的譯筆是可以信賴的，甚至哪個編輯做的書是不用擔心的，哪些作者是必選……這些都是經驗值所構成的。

此外，書單的來源還可以根據國內外各大獎項、學有專業的書友推薦。在開店之前，我就為書店建立一個部落格，每幾日會更新開店進度，名為「開店日記」，因此，過去在網路上認識的一些書友，也會到版上來給選書意見，還有更多不認識的書友，紛紛聚集過來，非常熱鬧，也給足了我許多珍貴的建議。那段「開店日記」的部落格時光，真是非常令人懷念，也是支撐我將這條不易之路走下去的珍貴動力。而開店之後，讀者的訂書、建議，也是持續為書庫補充新糧的好管道噢。

每月新書要怎麼挑？

跟出版社、經銷商建立起合作模式之後，往後每個月出版的新書，可以請書商把新書資料寄到信箱。這些新書書訊的格式，每間書商各有不同，不過都至少會有基本的書籍資訊、書封、作者、譯者、內容簡介等資料。若你覺得這樣還不夠你參考選書，可以進一步請書商再Email更詳細的內容給你，多半他們都可以提供部分的內文試閱檔讓你參考。

出版社每個月的新書資料是這樣產生的：出版社製作書

卡，提報給經銷商，再由經銷商轉發或者整理成另一份綜合資料發送給合作的通路，通路再根據書卡資料選書，下單給經銷商；如果你是直接跟出版社往來，出版社的新書資料就是直接發給你，你再回覆訂單。這是每個月很基礎的工作：看無數的新書資料卡、建檔、下單，進貨、賣書，不想留下來的書退掉，如此循環。

以小小來說，我通常會將想進的新書資料Email到小小信箱，或者依不同廠商貼在雲端的下單表裡面，請同事或者工讀生協助建檔進貨。這些新書資料通常會有書名、作者、譯者、出版社、ISBN、定價等等，同事就根據這些資料建檔。有一次，工讀生不看我給的新書資料卡建檔，而是到網路書店想要撈他們的資料建檔，結果找不到書，回頭來跟我說：「沙貓，你給的新書我找不到資料」（資料不就躺在你眼前的信箱裡幹嘛不看還上網找），讓我差點沒笑到昏倒，回他說：「你當然找不到啊，因為書商給的資料會比網路書店上架快。」

不過，這幾年這樣的事情越來越少發生了。我們收到新書檔案的時間，跟網路書店上架的時間幾乎不相上下，這代表著什麼呢？表示他們比我們更早拿到新書資料啊。

搶書大作戰

連鎖書店、網路書店比傳統小型書店更早得到新書資訊，在業內是很正常的。每個月，大通路會請出版社或經銷商到他們的採購處提報新書，以決定下訂數量。出版社想要賣書，連鎖通路想要搶書，如果頻道剛好搭上，有時就會發展出「獨賣書」。「獨賣書」常見有兩種方式，一種是限期獨賣，亦即，簽訂在一定期限內，只有這間書店可以賣。或者，為某通路製作限定書封，此款書封只有該通路才買得到。限定期獨賣的書，一般通路要等到限定期結束才會收到書訊；限定書封的話，一般通路會收到另一種書封的書訊。不過，無論是哪一種獨賣方式，小書店通常都是等到這樣的書在連鎖書店或網路書店上架之後，才知道有這些書的存在。

我非常討厭遇到獨賣書。不是因為客人有時想買獨賣書，我得想方設法弄到書而覺得討厭，而是不明白出版社為何要想出這種案型，等同於把其他通路的讀者貶為次等公民。不過，對於想出這樣行銷案的出版社來說，這可是攸關生死的事情吧。現今，書越來越難賣，為了要搶下連鎖通路、網路書店的訂單，做個限定期獨賣或者限定書封可以換得平檯陳列、好的網頁頁面露出位置、漫天發送的電子報，有什麼不好呢？

我不是不能理解出版社的辛苦與考量。不過，從另一個角度來說，長年下來，各鄉鎮小型書店逐漸流失讀者群，也不能不說這樣長年執行的行銷案型，也「幫上了」一把。

有特殊封面、贈品、又賣得比實體小書店便宜，幹嘛不買？

不過，讓我最頭痛的並非是這種獨家限定的書。而是三不五時就會出現一上市就「缺書」的狀況。這跟經銷商發書的習慣有關，但我並不明白他們為何一直無法改善。比方說，《開店指「難」：第一次開獨立書店就□□！》預定上市日是二月十五日，如果我們在那之前沒注意書訊，遲至十七日才下單，就很有可能會缺書。因為書商會將已入庫的新書，盡可能地都發出去到通路上，一本不留。

為什麼不留個安全庫存呢？我不明白。所以，每個月（尤其是重要的書），一定要趕在上市日前趕緊把訂單送出去，好讓書商把你的訂量計入配量裡。萬一真的一上市就缺書，我們就只能緊盯著業務，請他幫我們調書，甚至經常得寫信給出版社詢問。下訂、追單、缺書、再追單，這些構成了書店店員的日常。由於一張訂單過去，貨送來經常東缺西缺，為了追貨也總是會花去我們許多時間，因此，請想要開書店的人要有心理準備：最難的不是這些流程。最困難的是，這些頗有問題的訂書流程，日日月月年年都在發生；所以如果你開書店十年，就得有耐心跟書商溝通十年。

因為，一旦你放棄，你會發現，不會有人自動把你缺的那本書送上門，也不會有人自動去改變這些年復一年都反覆發生問題的流程。

訂書進書，即是書店的修羅場，而且一不留神便會被打回原點，晉級無望。

小書店該採用進銷存POS帳務系統嗎？

這個問題很多想開書店的人問過我。小小是最初規劃時便決定使用系統，好管理進退出貨、銷貨、庫存等等。我沒有打算省這筆錢是因為，還沒開書店前，我便知道有書店前輩開了幾十年的書店，回頭想採用系統來管理時，要花的費用是六位數以上（這還只是系統費用，不含導入系統必須全店盤點庫存的人力與時間）。

一開始就使用套裝系統的話，五位數的前段班就可以解決了。不過，無論如何，再簡單的進銷存帳務系統，都要至少能夠做到以下幾點：

一、可以轉出訂貨、進貨、退貨單。

這是三種不一樣的單：訂貨單是從你的書單資料庫裡撈出你要訂的書，轉出檔案寄給廠商，訂貨單不影響庫存；進貨單是廠商送來的書你要打單入庫，庫存會增加；退貨單是將你要退貨的書籍打單，會減庫存。

二、結帳直接扣庫存，連動發票機出發票（如果你有需要開發票的話）。

不過，若是你的店很小，往來書商、進退貨很單純，未來也打算就一直維繫這樣的規模下去，那麼沒有系統，也不是什麼大不了的事情。

但有一套系統，可以幫你做的事情其實遠比你想像得多。

小小的POS系統，我們每日用它來訂貨、進貨，結帳之外，它可以根據不同廠商條列出我們要下訂補貨的書。因此，哪些書賣出需要補貨就一目瞭然。除此之外，它也可以幫你計算月、年總營收、客單價；統計出賣得最好的榜單或不動的書單；讓你留存、查詢會員購買清單、可以儲值；可以幫你列印每月發票明細給會計；可以紅白配紅標綠標配、可以多本書綁大套裝……功能非常多元。

當然，也可以用來對帳。

偶爾，我們會遇到系統掛掉、出包，或者電腦掛掉，以至於系統也沒辦法用的情況。每當那樣的時刻，我便會萬分感謝系統，讓我們平日花在這些固定事務上的精力與時間可以節省至少六成以上。

要不然，光記個客人買了什麼書，然後再手開個發票，我都可以吃完半碗麵了。

系統萬歲！

第六難

一些眉眉角角

名片・文宣・紙袋・清潔用品

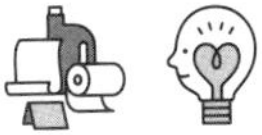

開店該準備哪些文宣品？

有一年，有一位想要開書店的朋友寫信問我：「裝書的提袋要準備多少才夠？」咦，為何我從沒想過這是個問題？想了一下，我才發現，這個問題徹底被我遺忘，是因為我後來決定不做小小專屬的提袋，改買現成的紙提袋，蓋上小小的店章。大小提袋各準備個三、四袋（每袋一百個），用完再買就好。

不過，我確實有想過印製紙提袋。回想起來，大概是受一般商業模式的「洗腦」太深，覺得人人提個小小書房的提袋在街上走來走去，就是免費的宣傳。像誠品一樣，多美好。

開一間店，你可以循著一般的商業模式，該有的宣傳品樣樣不缺：名片、活動文宣、酷卡、不時更新的海報、傳單、會員卡、紙提袋等。這些當然都要錢，但如果你將之設定為行銷費用，與在每個客人身上所產生的巨大行銷效益相較，其實不算多，這筆錢甚至可說花得相當划算。

為了開店宣傳，我們當然要製作名片，這是必備的。也做過唯一一張向永和地區的居民宣傳小小的傳單，還花了一筆費用去塞信箱（哇！），只是不是全灑，因為永和的人口實在太多了；在印刷廠商的建議下，用了所謂的「邊紙」做了一批印有小小店章的紙杯墊，也可以拿來做Memo紙，質感相當好；也做了印有「小小推薦八折」的圓形貼紙，用來貼在書展優惠的書上。

然後朝著一個宏大的目標，印好了一萬張會員卡（哇！）。

當時也有找印刷廠估算紙提袋，換算下來印刷費加上紙袋，一個三〇公分寬的大提袋差不多是十元，小的則是五元，跟用買的差不多。那為什麼沒做呢？因為要有地方擺這些事先印好的紙提袋——它們，很占空間。

我連書都不想要有太多的庫存空間了，更何況紙提袋！一想到要在某處（重點是根本沒有那個某處可以生出來）放好幾箱備用的文宣、文具用品，我就覺得好蠢。

於是這個「宣傳品」是最早被我放棄的。

人很貪心噢，即便如此，我還是很想要看到有人提著小小書房的提袋在路上走來走去，於是就在買來的牛皮紙袋上，用紅色印泥蓋上店章，再貼一層透明膠帶，以免印泥弄髒客人的衣物提包（這真的發生過悲劇！至今我還是對那位客人感到非常的抱歉）。

開店十年，那批牛皮紙做的杯墊＋Memo大概用了五、六年才用罄；一萬張的會員卡到現在還沒用完（！）；店卡、小小推薦貼紙用完又做了好幾輪，也是後來我們少數持續有製作的文宣品。

至於那個買來蓋上小小店章的牛皮紙提袋，已經不再這麼做了。因為，搬到2.0之後的某一年，我們開始向讀者募集回收紙袋——倒不是為了省錢、省力，主要是為了減低商業空間所帶給環境的負荷。大家家裡都會囤積許多紙提袋，如果可以回收使用，那不是很好嗎？客人提供的二手提袋，我們也不再多做加工，譬如貼上或印上有小小商標的貼紙，以便這個提袋在不堪使用之後，可以進資源回收廠再利用。「對環境友善，就是對自己友善」這一點，也構成店內各項用品，包含清潔用品的使用思維。

從個人到書店：盡可能環保的商業空間

由於小小一開始便設有咖啡區，主要提供店內飲用。也常有客人詢問是否可以外帶，但我無法跨過「這樣一來就會產生許多一次性包裝」的障礙，因此也只有提供給自備外帶杯的客人。

搬到2.0之後，受到原有的空間結構影響，咖啡區變大兩倍多，使用咖啡區的客人也增加許多。看著每天丟棄的吸管，覺得這樣下去不是辦法，上網研究，才知道有廠商研發出食品級的鋼吸管，雖然價格並不低，但我還是全都換了。那時鋼吸管還很少見，一開始端出飲料時客人會愣一下，也用不習慣，還有客人曾經抱怨說，這樣就不能咬吸管了。但我都當做沒聽見（呃），面不改色的繼續用，順便會跟客人說，吸管會溶出有毒物質，長期使用對身體也不好，能不用就不用。

慢慢的，開始會有客人詢問我們鋼吸管哪裡買，我們也會很大方地跟他們說。

營業場所另一個會製造大量垃圾的是使用的食材包裝。像是茶飲用的茶葉，小小不用茶包而用葉茶，把茶葉用鋼製濾網泡好，才送到客人面前；店內使用的吐司、麵包、貝果盡量都用自製的，確保食材品質之外，也可以減低外包裝的使用。此外，從2.0就開始賣了好多年的手工水餃，搬到3.0以後，不知道為何生意大幅度成長（為什麼不是賣書大幅度成長啊啊啊），每個星期都會產生好幾盒的水餃塑膠盒，跟廠商商量之後，我們提供可以洗滌、重複使用的棉紗袋，外加一層食品級的牛皮紙袋，以免棉紗袋外層被污染。這麼一來，終於解決因為賣水餃而產生的巨量垃圾！

除此之外，新同事報到前會收到的唯一一條員工守則是：不准攜帶一次性的飲料進門，真要買手搖飲，就自帶環保杯去買。這源自於我還是上班族的時代，觀察到辦公室裡習慣買手搖飲料的同事，幾乎一天都至少一杯，再加上寶特瓶飲料、各式各樣的超商飲料，每人一天下來光是喝的飲料所製造的垃圾量，真的很驚人。

大概因為我是老闆，而這又是唯一一條員工守則，因此這麼多年好像也沒有聽到有同事抱怨過（？），執行率來說算是蠻高的，大概有百分之九十九左右吧。每日的吃飯時間，同事就會把數個提鍋裝袋，帶去買外食，以至於附近店家只要看到帶著提鍋來買晚餐的，就知道那是小小書房的人。

不用化學成分的清潔用品

在開書店之前，我自己家中已經完全不使用化學成分的清潔用品許久。需要清洗廁所、廚房時，便用白醋加熱水清潔，開了書店之後也如此辦理。COSTCO有販售五公升裝的白醋，此外也有大包裝的小蘇打粉，一般的化工材料行也有販售並不難取得。

洗滌杯碗用茶籽粉或苦茶粉。雖然茶籽粉可能會造成河川水質優氧化的問題，曾經引起議論，不過研究各方意見之後，環保團體、專家學者認為天然的洗劑，還是會比添加化學成分的清潔劑來得好，對環境的負擔也會比較小。至於使用茶籽粉會讓水管阻塞的問題，無論是我個人或者小小，都沒有發生過阻塞到需要請人來處理的地步。使用這麼多年，如果有稍微阻塞的現象，只要往水管內放進幾匙的小蘇打粉，用熱水沖下，就可以恢復流暢。

除了廚房、廁所的清潔之外，日常店裡需要清洗的還有「擦手巾」。在2.0時期，有感於洗手間擦手紙的用量亦會增加環境負擔，我便去買了無印良品的一款棉抹布，作為洗手間的擦手巾使用。這款棉抹布的大小跟吸水性，都剛好足夠一個人使用，不會因為太大擦一次就要洗很可惜，也不會因為吸水力不足得多用幾條。清洗的方法是將白醋煮沸，將擦手巾放進去煮幾分鐘，然後再用清水洗乾淨晾乾。如此可以清除布巾上微量的手油脂，也可以消毒。

小小的桌布清潔也是使用自製的漂白水：一杯鹽巴＋一杯

小蘇打粉，煮沸，將桌布泡一夜，然後交給洗衣機依照正常程序洗滌即可。

這些清潔的方法其實許多相關的書籍都有教，只是有沒有毅力執行而已。長期以來主流商業社會帶給人們的生活方式習慣是：走進商店，帶走架上的瓶罐用品，沒有精力去研究哪些成分會對我們、對環境造成什麼樣的影響或傷害。真的決心執行時，會發現它沒有那麼難，只是你得換個地方購買「原料」而已。

這兩年，為了更為徹底的減塑（減少塑膠用品的使用），我們也開始自製手工皂，也鼓勵大家動手一起做噢，真的沒有想像中的困難啊！

請大家努力地把想像力放到日用品的創造上面，不要一想到「動手做」就覺得肯定很花力氣很困難，真的不是這樣噢！

最難的事情，是跨過「想做」到執行的那個關口而已，Go Go Go！

第七難

行銷？開個粉絲專頁一切搞定？

短期、長期媒體宣傳方式．管道

紙媒行銷年代

十年前決定開書店，開始頻密地寫部落格「開店日記」時，我肯定不會想到，當初不怎麼想用、覺得每則只能貼一百四十字蠢死了的臉書，後來竟然成為影響力如此巨大的媒體。更進一步，讓我們想像，十年之後，臉書，還會是我們最常使用的社交媒體嗎？在沒有臉書之前，書店利用什麼方式來宣傳自己，如何讓讀者知道活動訊息呢？

當然是紙媒啊！在這十年間，因為經營書店作為受訪者，對於媒體的走向也特別關注，沒有想到，經常被視為黃昏產業的書店，竟也見證了紙媒消退，數位媒體進入另一波競爭的時代。

或許有讀者還可以想起曾經倚賴報紙獲得藝文訊息的年

代。二〇〇六年數位閱讀浪潮對紙本閱讀的影響已經開始出現相關討論，不過，還沒有到急迫的關鍵時刻。當時習慣閱讀報紙的讀者群不少，因此小小開店前三年，只要是報刊的文化線記者、雜誌要來採訪，我幾乎都會答應，希望能夠讓小小盡可能地曝光，增加來客數。不過，三年下來，我發現，常常進店裡晃一圈就指名要找老闆的客人，九成九以上都是因為媒體報導來的：想了解你為什麼要開書店，想給你建議，想鼓勵你，然後有些連書店都不逛，指導完畢就滿意地離開。

也因此，後來我就逐漸開始減低接受媒體訪問的頻率。每件需要花費時間、精力去做的事，自然也會希望自己的「付出」能夠帶來預期的效益。當我發現報刊雜誌所帶來的讀者，短期效益無法創造業績、長期來說又不是屬於會與我們建立關係的一群時，我就開始調整，到底要接受哪些形式的採訪邀約。

捨「短」留「長」，相互成長的行銷術

如果將來邀訪的人，都視為宣傳力，那麼歷年來訪過小小的，依照我認定的宣傳效益，由短到長可分為：媒體（含紙媒網媒廣播）、學生（國小到研究生都有），以及實習生。開店前三年多數集中在具有短期效益的媒體訪談，譬如報紙、雜誌一刊出會有人循線來店（或來電），但隔天就風平浪靜像什麼都沒發生過似的。即便後來多數紙媒還有搭載電子版，也沒有多大差別，畢竟網海無邊，時間過了就會被稀釋、沖散。

雖然當時很快地便調整、大幅度減低媒體訪談，不過一個月也常常會有兩、三檔找上門，開口問他們，為何會想要訪問小小，很多時候是Google到，覺得有趣可以報導就找上門；也因為心態調整之後，受訪與否變得「隨緣」，反而更容易看到某些媒體記者、或廣播主持人會有些不是

很好的習性。大體上，這類媒體人來邀訪時，或者被婉拒時的反應，我「翻譯」之後大意如下：被我訪問、被我們刊登出來是在幫助你們，怎麼會有人想要拒絕呢？

不過，在紙媒一波波被網媒逼退之後，這幾年來約訪的紙媒記者都非常、非常客氣，讓我每次拒絕他們之後，都忍不住深切地自我譴責一番。

每個月除了兩、三檔的媒體邀訪外，還有隨時節、季節性的學生報告。學生訪談，對我們來說是一件極為痛苦的苦差事（參見本章文末採訪守則公告文）。多數獨立書店接受學生訪問，為的不是可以在什麼校刊、班刊還是什麼學報曝光，而是一種不知道從哪個外星球灌入腦袋裡的某種「社會責任」，好像沒有接受學生採訪，我們就沒有盡到作為整體社會的一分子，一起「教育」下一代的責任。

引號是因為，我討厭「教育」二字，所以，讓我們轉換一下說法，接受學生訪問，是因為我覺得如此可以讓學生走進書店看書，開啟閱讀的視野，好像也很不錯；閱讀，要從小扎根……總之，我還可以生出各種不同的版本說法，來支持自己曾經一年又一年地被學生「荼毒」，然後還是一年又一年地接受學生邀訪，直到二〇一六年十一月，一對大學生衝破臨界點，讓我氣到在臉書宣告：小小不再接受學生採訪。

在被學生邀訪無數糟糕至極的經驗裡，也有讓我印象非常深刻的。最為驚艷與震撼的一次，是永和育才國小所做出的採訪。與我們聯繫的彭依萍老師，提到他們要參加一個名為「網界博覽會」的比賽，想訪問在地的企業單位，希望可以以小小為研究主題，從聯繫、拜訪，學生與老師一同報名參與小小的各式活動、排班駐點觀察店務、擬定訪問方向、訪談，到整份報告做完，他們花了一年多的時間。

看到他們做出的報告時[1]，我反而會覺得，他們為了一份報告付出的時間與心力，比我們這些接受訪問的人還要多太多了。雖然類似的訪談計畫所產生的宣傳效益無法評估，也無法預期對參與這個計畫的學生是否產生什麼樣的影響，但就訪前準備、過程以及結果來說，我覺得自己也被上了一課；那是「一次性」的媒體訪問所無法帶給我的珍貴經驗。

類似這樣需長期駐點、觀察，然後寫出報告的，比較常見的是以小小為研究對象的研究生。研究的方式，一種是擔任小小的義工，可以根據研究需求，排班並且協助店內雜務，擔任義工的時間內，若有需要協助訪談亦可與同事商談；另一種是實習生，從二〇一四年開始，我們接到詩人鴻鴻轉介詢洽，有一位祕魯的年輕詩人在台灣念文創研究所，詢問我們有沒有意願讓她來小小實習。

註1 新北市私立育才雙語小學，〈書彩繽紛的世界——小小書房〉，二〇一三年二月二十四日，http://library.taiwanschoolnet.org/cyberfair2013/ytes/smallidea1.htm。本網址與QR Code為育才國小訪問成果，歡迎連結或掃描瀏覽他們的作品。

實習生跟研究生不同的地方在於，我以及小小擔負的責任不同。實習生排班的時間較長，基本上比工讀生略少一些，但我們有義務協助實習生更深入地了解與他研究相關的小小各項事務；我則是擔任實習生的外師，有責任協助釐清他的研究提綱，給出建議等等。二〇一四年的實習生羅絲・曼朵莎（Rosakebia Liliana Estela Mendoza）在結束論文之後，於小小舉辦了兩場工作坊，一場是邀集台灣青年詩人群聚朗誦分享的詩會，另一場則是由她報告當代拉丁美洲青年文學狀況。這兩場工作坊，都是她來小小實習前便談好的條件，也是作為她修業報告的一個總結。

羅絲在小小實習的歷程，對我們來說是第一次，也是非常珍貴的經驗，最後結業的工作坊，也開啟了小小後來每月定期舉辦詩人朗誦分享會「詩的降臨／靈會」。在結束台灣的學業要回祕魯前，羅絲跟我說，她也想要在自己家鄉開一間書店。這兩年我們偶爾會透過臉書聯絡近況，前陣子她跟我說，書店是沒開成，不過她跟朋友在二〇一六年年中左右，開了一間有閱讀俱樂部的文具店！關於這件事，她很肯定地跟我說：這完全是受小小的影響噢！（我的翻譯是：實習了好幾個月，也總是知道光賣書是活不了的。）

二〇一五年年底，又來了另外一位想開書店的實習生，從中國寧波來的女孩詹依萍，才剛談好實習的時程與細節，就遇到我們受到都更影響，決定搬家一事。由於擔任實習生外師的關係，因此會有好幾個階段我必須看她的研究大綱，要著手進行論文前，也會有一個前置報告，最後才是論文答辯。這幾個階段的參與，等於讓我從另一個角度來看小小做的事情，對於思考小小的過去、當下與未來，非常有幫助。

尤其在這兩年，書業的各種消息都大不利，跟二〇〇八～

二〇〇九年間相似的狀況是，新一波的實體書店關店潮不斷，雖然這些都在我幾年前的預料之內，但心情不免還是會受影響。景氣、營收、心情，都像是在攀一座危險、鬆軟的山岩般，每隔一陣子就會直直往下墜。在那樣的時刻，依萍從實習中看見了像小小這樣的獨立書店存在的價值，我們做的事，以及我們走過的路，她的報告與研究，對我來說，是很大的肯定與鼓舞。

臉書時代的老派堅持

紙媒時期，宣傳小小的各項活動最有力的媒體是《破報》。長年刊載各式台北邊緣藝文活動的《破報》，它的結束對我們衝擊算大；那之後，宣傳活動幾乎全部只能用數位工具，效果並不好。從紙媒進入網路時代，行銷宣傳工具的使用上，最大的改變是，臉書粉絲專頁幾乎雄霸天下。在這一點，我還是將之區分為短期宣傳，以及長期行銷來看待。短期宣傳，就即時性而言，過去可能利用 RSS 訂閱，只要部落格更新便會收到通知；或者發電子報通知讀者，這兩者幾乎都已經被臉書取代。

就長期來看，官網或者部落格的優勢在於資料的完整度、易於分類、搜尋，因此，連續性的、長期性的、主題性的活動在網站上的呈現會非常清晰，這是不同的網路工具特性所造成的區隔。近幾年成立的獨立書店，有蠻多都僅用臉書作為與讀者接觸的入口，或是曾經使用部落格作為官網的書店，也逐漸「棄守」，不再更新，轉而經營臉書社群。即便觀察到這樣的趨勢，小小在做法上，依舊是將短期宣傳的連結導向官網部落格，如此也才能一直讓讀者有機會接觸到部落格的其他活動、課程或者任何訊息，讓有興趣深入了解小小的朋友，有一個基地可去。

除此之外，不定期發送電子報給會員、任何在小小舉辦的活動皆採預約報名制，預約之後會收到我們個別回覆的確認信，都是為了擴展、加強與讀者的聯繫。甚至透過臉書私訊訂書、詢問各項課程事務的讀者，我們皆會利用Email作為後續聯繫管道。社群網站雖然有即時性的優勢，但它比較像是一個入口，迎來客人之後，不能讓客人一直待在入口，想辦法讓客人可以進到虛擬的「店內」，才能與我們有更深切的往來。

曾經有工作夥伴使用個人的臉書帳號處理工作事務，對於新時代的工作者來說，這是很常見的。但對於共同分擔店務的工作場所而言，這會造成困擾。比方說，跟講師或出版社窗口敲活動，到底談了什麼樣的活動內容、講師費用多少、對方給了什麼資料，屆時需不需要架設器材……這些如果其他同事都不知道，到時對方因為事件來聯繫，或者活動當天不是由聯絡的同事當班，都會造成其他同事一問三不知的窘境。

任何的實體店面都是以提供現場客人服務為第一要務。在人力精簡的時代，老闆或許會希望工作者可以身兼多職，但現場服務與內容宣傳，是兩件不同性質的工作；如果這些行銷工具的使用，也被列為必要的工作項目，不僅會加重現場工作人員的事務，也會造成困擾。以小小為例，各項店務、工作時間被切割得非常零碎，因此要同一個工作人員再顧好網站、臉書，這幾乎是不可能的事情。因此，小小的部落格、電子報、臉書等行銷宣傳工作，幾乎都是由我負責。同事在這些事務上所擔負的工作很少，亦不強迫。聯絡工作、讀者服務所需，盡可能的我會將它整合到信箱，讓同事比較容易追蹤。

網路時代，人與人之間事務的聯繫常常倚賴這些軟體工具，書店也不例外。工作中會有多項事務，都需透過這些工具與人聯繫，因此熟悉網路聯繫往來禮儀，也成為必要的修練。此外，不少人應該發現到，比較起電話、Email，已經到了臉書找人比較快的時代，這往往也會使不熟悉這項工具的工作者，有種疲於奔命之感。時代在加速我們的生活與工作，但人心與腦力是無法一直長期處在加速的狀態下的，作為老闆或者主管，如果沒有了解到這一點，就可能沒辦法同理工作夥伴的負擔。

我們或許處理事務的速度不夠快，提供的服務不見得能滿足每一個人，但是，無論是面對站在眼前的顧客，或者在遠方的、未曾謀面的讀者，保有一顆誠摯想要協助、滿足對方需求的心，是我能夠確認，每一個小小的工作夥伴都想做到的。顧客與工作者之間，以禮相待，彼此尊重，是我認為在這個空間裡，要能夠做到的，最重要的事。時代變遷，種種工作用的、宣傳的工具或許會更新，但有些事情，是不會隨著時代、工具而改變的。這也是小小的一種老派的堅持吧。

文末，附上書店第九年時，我在臉書上寫的一篇採訪守則公告文：

> 【忍．無．可．忍，敬告各學校老師：】[2]
>
> 各學校老師，一直以來，我們非常敬重各位老師的專業，以及授課的熱誠。不過，我們開業將近九年以來，實在已經到了一種忍無可忍的地步，已經到了，再這樣下去，我們就要公告，小小書房不接受任何來自學校單位的參訪。但，這些年月以來，畢竟還是有非常優秀的學生，

註2 劉虹風，〈【忍．無．可．忍，敬告各學校老師：】〉，二〇一五年六月十三日，http://www.facebook.com/sappholulu/posts/1457390091227205。

非常搞得清楚自己應該要帶領學生到什麼位置的老師，所以，我們也不忍拒絕掉這些學生，但也不願意沉默面對那百分之九十八以上，讓我們深覺痛苦與不解的學校作業邀訪。

因此，我們在此敬告各學校老師，如果你的課程有任何參觀、訪問書店的行程，或者學生報告有任何參訪店家的需求，卻完全不「教」學生，在聯繫上、出訪前應該要注意的事項，訪綱應該要如何準備，那麼我想請你們辭去教職不要教書了。或者不要出那種自以為跟社會有所連結、或者不要出讓學生了解XXXXX的作業給學生後，就什麼也不教、什麼也不管，直到作業報告交上，這種老師跟作業機器沒什麼兩樣。如果你是這樣的老師，請好好當蛋頭學者就可以了，放過學生作業吧，請不要造成社會的困擾。

一個訪綱列了三十個訪問的題目，光這一點我就可以把老師當掉了，你怎麼能容許學生以這樣的訪綱見人？是打算訪問一天一夜嗎？如果你不想好好教學生了，麻煩你就甭教了，省得大家都痛苦。還有其他種種令人難以啟齒的事情，在此就不多贅述了，因為過去已經說得太多太多了。

要請曾經出過這種作業，或者未來想要出這種作業，或現在已經出了這種作業的老師思考一下，自己是否真的明白，參訪、訪問這種事情是需要專業的，不要一天到晚會罵記者，但自己卻連基本功課都搞不清楚，就上臺教人。如果你真的不懂，那可以去請專家來座談、演講，把自己跟學生都教好，再放出來見人。不要領了講師費，卻讓學生自己什麼都不懂就出社會闖蕩，拜託你們了，好好對得起你們的課程與薪水。請你們把該做的事情做好吧。

為求最大擴散效應，請認同或者曾經被此所苦的朋友幫忙轉發。謝謝大家。

在此補上先前我曾經提過的，最低要求的訪前準備。如果學校老師在出作業給學生時，沒法做好訪談前的準備工作，那麼以下是對我們來說，最重要的幾件事情，我很樂意列出來給大家參考：

一、週末訪談是絕對不可能的，因為週末是我們最忙，人人力最少的時候。大部分的營業場所，也幾乎如此。

二、直接走進來就要問跟營業、工作相關的問題，那是絕對禁忌，因為你根本不知道你眼前的那個人，手上有多少件事情要處理掉，請尊重他的工作是服務你對於店內販售的商品、活動、課程等的需求，而不是幫你解決你的作業或者工作。

三、約訪時間，理論上是以對方的時間為主，而不是自己先訂好時間，然後問那天可不可行，我們希望你先給的是一個區間，而不是一個已經安排好的時間。

四、接第三點，訪談時間，請儘量安排在來信約訪一個星期以後的時間。太多情況是這星期要交作業，這星期就要訪，我們通常會拒絕掉，請見諒，因為店務每一個月都有安排好，臨時狀況得在一個星期前先調整人手時間。

五、因為這篇是專門給學校系所的，因此，約訪，請給我們來訪者的系所、課程名稱、指導老師，以及來訪的人數，因為，曾經出現過，一個人寫信來約訪，十幾個學生跟著一起來的狀況。

六、後來，因為情況實在太嚴重了，上面一至五點這麼多年，都沒有一個系所做到，因此，我們就只好將接受約訪的條件加上：只接受曾經來過書店的訪問。所以，如果要約訪，要自己先行前來書店過，覺得我們合適，再請你們寄訪綱來約時間吧。

你會問，蛤？都沒去過就要訪問？

對，非常多，就是老師出作業搜尋資料的時候打獨立書店出現我們家，然後就寫信來要約訪。

七、訪綱的準備：請訂出在訪問的時間內合理的訪問方向與題綱，不要訪問時間一個小時卻準備了二、三十個題目，我們看了困惑，你們到時訪問也會很困惑，現在到底要問哪一條。（這是這次留言新增的，我很訝異連這一點最基本的老師跟學生都搞不懂）。

八、最後一點是：交出的報告，可以請你們cc一份副本給我們嗎？

謝謝。

第八難

為什麼客人都叫不來

因為你沒有貓或狗或兔子？・活動行銷規劃

坐在店裡客人就會自己走進來？

理論上，一間店開在那裡應該就會有客人走進來，實際上，不是這樣。1.0時期的小小藏在迷宮永和的巷子裡，距離捷運站步行至少需要十五分鐘，那還是指已經熟門熟路的客人。永和又是一個特別容易迷路的城市，因此，初到訪的客人，連同找路的時間不花上半個小時是到不了的。騎摩托車最容易到，但經常迷路最後決定放棄的客人也大有人在。為了讓這麼一間藏在巷弄裡的神祕書店，可以吸引客人排除萬難前來，就必須想方設法。

開店前我就開始寫部落格跟讀者報告開店進度，那時許多偏好藝文活動的讀者都有使用樂多部落格的習慣，樂多的露出對我們來說幫助很大。社群媒體則是利用噗浪轉發，開店首日就有將近百人來訪，創下極好的業績。

兩天後，宛如燦爛的煙火一樣，瞬即絢麗回歸平淡。

這麼遠的書店，要能夠吸引客人上門，進而「拉」住他們，而且還要讓這些讀者與書店建立長期而穩定的關係，我就得回頭思考，人與人之間，什麼樣的「關係」是能夠持久的——它必定是讓彼此有所成長，能夠一起向前的關係。在開書店之前，我在永和社區大學帶領文學閱讀課程的經驗，對這一點的思考提供了非常大的助益。從未接觸過文學作品的成人，彼此透過一本書產生共鳴，進而彼此的生命產生連結，這樣的歷程曾經讓我非常震撼。

因此，最初在規劃小小的活動時，就分成兩個方向：一種活動是為了培養、建立未來有更廣、更深的閱讀口味的讀者，我稱為「核心會員」。他們每週都會到這間遙遠的書店報到，參與這間書店每週所進行的這項活動，會成為他們生活裡一件固定發生的事情；另一種活動，是為了宣傳書店，吸引原本不認識小小的讀者來，並且進一步讓他們成為會員。兩種不同形式的活動，都是為了推廣店內的書，只是方法有所不同。

核心會員的建立

為了要培養核心會員，首先要確立的是活動的目的。讓他們走進書店，或者每週來書店報到，這不是活動的「目的」，這是「結果」。譬如說，文學讀書會的「目的」是，我們希望每一位參與讀書會一年、兩年之後的成員，能夠毫無窒礙地閱讀任何文學作品——至少，面對任何有難度的文學作品，會有耐心讀完，不會有那種「啊這好難看不懂」就放棄的情況出現。至於能不能讀懂、喜不喜歡，那就是另外一件事，因為你一部作品連讀都沒法讀完，就沒法討論理解與否、喜好問題。

也就是說，這種定期、持續、長期的活動，要先確定的是，你要帶領你的讀者、學員去到哪裡，他們理當會從活動裡獲得什麼，這是可以預先設定的。這跟每次不同講者的單場活動形式完全不同，相較之下，後者呈現的通常是比較單向的關係，類似導覽、導讀或者引介，在活動事前，你無法確認講者到底講得好不好，有沒有好好準備，到場參與的讀者收穫多少，能否累積與拓展……種種問題。

定期發生、規律、小班制，能夠觀察到每個人的理解程度，能夠讓參與的人提問、回答、激盪，這樣的形式只有讀書會。一開始我便希望小小能有三種讀書會：文學、社會學以及哲學。這些讀書會要有這些學科專業背景的人來帶領，要以帶領閱讀、討論的方式進行，而非授課。由於我自身修習當代文學，文學讀書會便由我帶領；社會學讀書會在朋友的引介下，找了朱政麒來帶，帶了三個月以後，他要去念博士班，分身乏術，社會學讀書會就此擱置，直到六年以後，在社大的儲備講師會議裡認識了梁家瑜，才得以重啟。

哲學讀書會就更曲折。詢問當時正在法國攻讀博士的朋友黃雅嫻，她介紹了一個有哲學所背景的朋友，不過他已經在工作，對於帶領哲學讀書會不是那麼有把握，因此，開辦哲學讀書會的夢想，直至雅嫻學成歸國，到二〇一三年才成真。那已經是小小成立七年以後的事情了。

文學讀書會、社會學讀書會（後來更名為人文思想讀書會，改由念歷史背景的涂育誠帶領），都是每週一次，至少一個月讀完一本書。文學讀書會開辦將近十年，社會學也穩定地進行了四年。我想，如果一個人每週固定在某個時間，都要參加某個聚會，那麼這對他來講，必定是生活裡很重要的事情吧。這樣的學員，有些已經持續參與數年，甚至也有從社大時期，就一直跟著讀書會讀書的學員。想來，他們的存在，對於書店能夠持續經營，真是無與倫比的激勵與動力。

除了讀書會之外，也開了「引導寫作課」、「初級寫作班」兩種與寫作有關的課程。引導寫作班的課綱，是由一個在1.0時期舉行的、長達將近一年的實驗課程裡篩選出來的。課程目的是讓參與的學員，能夠在緊繃、繁忙的城市生活裡，找回自己對於生活的敏感度，進而記錄下來；初級寫作班的課程安排跟引導寫作班完全不同，目的也不同，它主要是針對有興趣從事文學創作的學員開設，因此需要閱讀大量文學作品、每週給出題目創作、討論。

這樣的課程對書店的經營有何好處？短期效益來說，直接的幫助是學員繳的學費讓書店有收入。但任何一個課程的安排，我會考量的都不是短期，而是長期的累積。閱讀與寫作，是密切相關的事，在生活上有感，才會對寫作有感，對寫作有感的人，不會對閱讀無感。因為我在乎的是長期效益，因此，這兩種課程，在課綱的安排上，所提供的都是希望可以讓學員適用一生的方法，所以每一個人一生只能上一次。

立定以店內的書為推廣方向的課程，後來陸續開設的有塔羅課、手作課程如手工書、金工課、羊毛氈、兒童畫畫班、小大說故事、成人畫畫班。每個課程在小小能夠持續多長，往往根據講師的狀況、學員參與的情況而訂。不過，開設這些課程的目的未變，即使暫時處於停課狀態，它也有可能在遇到合適的講師、合宜的時機，就會有重啟的一日。

辦活動作為吸客行銷？

在活動滿溢到讀者常得趕場跑活動的台北，「辦活動」可說是書店工作夥伴輾轉難眠的「惡夢」，這要從頭說起。最初思考小小的行銷活動時，讀書會、寫作課這種長期的活動，是要培養核心會員，那麼，吸引非會員、還不認識小小的讀者，就要以單場活動來作為接觸點，邀請規劃不同主題的藝文活動、邀請創作者來座談。因為台北免費的藝文活動非常多，但我們又需要有收入，因此一開始活動是以參與者點一杯飲料作為支持。

開幕幾個月之後，有一回請來非常知名的講者，那一回把1.0非常小的咖啡區擠得滿滿滿，我們盡責地把講者的書都訂進來，希望能夠創造好業績。那一晚座談結束之後，滿場將近二十個人，在大約兩分鐘內全數散盡，而講者的書，一本都沒有賣出去。無敵的沮喪感襲擊我和工作夥伴，同事生氣都請你支持一杯飲料入場了，為什麼有人不點就是不點，我一邊安慰她，一邊尚未從無人買書的震驚恢復，兩人坐在空蕩的書店裡想著：是為了什麼我們要舉辦活動？如果大家只為活動而來，對於書店本身一點興趣也沒有，那我們為何還要開書店？單純做活動空間就好啦。

為了要確認是否是因為書店本身實在缺乏吸引力，以至於留不住客人，我們決定更改活動入場制度：收費一〇〇元，給兩張抵用券，一張現折書五十元，另一張現折飲料五十元。這個方式一推出，活動時大家會歡欣鼓舞地點飲料，結束之後，也會在書店裡認真的逛，抵用券的回收率達百分之九十五以上。

這樣的活動收費制幾經調整，後來就固定為，若主辦單位提供場地費用，我們會開放讓讀者免費入場；若沒有活動預算，則由我們向讀者收費一五〇元，不管是哪一種方式，我們皆會提供購書、消費優惠。

曾經有讀者質疑，你們辦活動為何要收費？我反倒想問他：為何你會覺得應該要免費？所有發生的活動，都會有人需要為此付出心力、勞力、腦力、時間，他們，不用吃飯嗎？台北市滿溢而出的免費活動，都會有人需要為此付出費用，只是你看不到而已。

對我們來說，舉辦一場活動不是只將對方提供的照片、講綱貼上去就好了。每一場在小小舉辦的活動，我都會看過所有資料後，去思考小小的讀者可能會關注的面向，加上我個人的觀點，為這場活動寫一篇推薦文，或者介於評論與推薦之間的文章。十年來皆是如此。因為一開始小小的活動，有非常多的講者是義講贊助小小，為了回報他們，我覺得我能夠做到的事情，就是好好地將他們的作品、做的事情，介紹給大家。

即便後來我們開始申請活動經費，或者由出版社安排座談，很少讓講者義講，但好好地為活動寫一篇文章，就像是啟動這個活動在小小的儀式一樣，被保留下來。每一場活動，從商談、宣傳到執行，我們都要花許多心力準備。

談活動、閱讀活動資料、寫推薦文，《破報》還在的時候也會協助露出活動訊息，部落格、臉書、電子報宣傳……該做的，能做的，都做完了之後，活動有時還是催不動。這種催不動的活動，通常要不就是因為還是新人，或者因為議題還不夠被重視——即使我們認為作品很棒、議題很重要，但多數的讀者還是會以講者知名度來選擇活動。

時光荏苒，十年過去，現在回頭看當年還沒有乘風展翅，才剛開始初露光芒的創作者，現在已然粉絲成群時，不禁感到，當年就安安靜靜地坐在臺下，然後一路守候迄今的讀者，多麼不容易。

每一個現今累積一定讀者群的議題，也都是經過一年又一年的推廣，像是環境議題、人權議題，剛開始辦座談、播紀錄片時，怎麼推怎麼催，來的人只有小貓兩三隻，讓我覺得很對不起講師。這份愧疚，直到有一次，我在其他場合遇到當年來小小辦播映座談的其中一位導演，她跟我說，那場紀錄片座談會之後，她去跑了一輪校園演講，因為當年在小小的其中一位讀者，是高中生老師，結束之後她非常感動，協助安排了許多後續的校園講座。

這件事也給了我支持下去的動力，看著參與的朋友認真的神情，人數理當不能代表一切，在那之中，會有堅韌的芽長出、萌發，然後逐漸改變很多事。雖然我這樣安慰自己，但對於協助規劃、執行活動的同事來說，每次辦一個好活動卻很少人來，宣傳得很辛苦時，還是會備受打擊。

店貓、店狗店XX可以招客人來？

有本書叫《為什麼貓都叫不來》，深得貓奴的心。這句話被我們改成：「為什麼客人都叫不來」，用在生意清淡時、或努力規劃一場活動，人數卻催不動時開玩笑的口頭禪。不是說你真的要養個店貓店狗、或什麼奇妙的生物才能招客人來。我想，任何養了動物的店家，所需付出的心力與金錢都多過於業績。牠們的存在，確實會改變一個原本只有人進出的空間氣氛。但書店不是寵物店，要讓客人走進門，進而產生關聯，得透過與書關聯的一切事物來創造，沒有別的。

今年在有河book與店主之一686（詹正德）的一場關於書

店經營的對談裡，686問我，有店貓是否會為小小帶來業績？我笑了笑回他，我們並沒有選擇，因為是貓決定是否要留下來，我們無法強迫。我想，也幫助許多浪貓、甚至還一一為他們編號、取名的有河book的另一位店主隱匿，肯定能夠了解那種心情：每一次他們踏出門，你的一顆心就懸在那裡，他們在外面是否都能夠安全、安穩，颱風下雨要把他們叫回來，生病躲起來要到處找，甚至弄到得去求神拜廟，出動「剪刀找貓法」的奇門遁甲術（據聞是朱天心傳授的祕法）。他們生病、受傷，就是得拋下一切手邊的事情，日日往返醫院、書店，身心疲勞。

因此，這裡要說的是，小小一開始並沒有店貓的「規劃」。1.0出現的那隻暹羅貓Nana，是跟著我從莫斯科回到台灣的伴侶，原本就跟我形影不離，即便在店裡，她也不會想方設法要偷溜出門蹓躂。後來出現的幾隻「知名」店貓，是搬到 2.0 之後自己跑來的，應該是被人類棄養的。已經多少習慣街上生活、自由滋味的貓，是關不住的。我們只能為他們戴上項圈，項圈上掛上救命子彈，裡面有我們的聯絡方式。關於店貓，那真的就是另一個長篇故事，得在另一本書裡來談。

至於養店貓店狗可以招來客人這件事，我不是那麼確定。雖然有些人會因為店裡有貓就進來，或者大小黃有時會很「盡責」地坐在門口「招攬」客人，不過，也多的是一踏進店裡見到貓就花容失色尖叫奪門而出的人。所以，我想，會不會有店貓或店狗或者什麼奇妙的生物這種事情，還是交給天意決定就好了。

因此，書店行銷，最終靠的還是書噢，這是不會改變的事情。無論工具為何，內容，永遠都是王道。

第九難

請人，或不請人？

員工・制度・薪資・管理

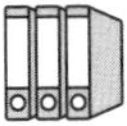

你用什麼來「誠徵店員」？

還沒開書店前，我曾經在部落格上寫了一篇文章〈誠徵老闆——《查令十字路八十四號》〉，看標題也猜得到這主要是在談那本書，不過，我的文章裡面有一段寫道：「當書的行銷販賣，已經進入資本市場，成為商品，那麼，在這個商場上，確實會被自動規制為買／賣的交易行為。大型連鎖書店裡面所附設的服務檯，是為了解決顧客對於『買書』的疑問，而不是對於『書』的疑問。我們無法想像存在著這樣一間書店，一個想要入門文學的讀者，可以問店員：請問你認為，杜斯妥也夫斯基的哪一本，可以作為入門書？或者一個比較『專業』的讀者，他可以問：給我個建議好嗎？《瓶中美人》與《鐘形罩》兩個版本有什麼不同？還是店員要像圖書館館員（恐怕也很難），可以為這樣的問題解答：請問你知道某某的某篇文章收在哪一本書裡頭嗎？

哇咧，這間書店的老闆，要付多少薪水給這樣的店員？哪個可堪稱為知識庫的店員只領一個月三萬元（可能還不到）為一間書店服務？

一間書店，店員要做多少事情？他還有多少的時間與精力，去對客戶做一對一的服務？我們的書店無論大小，店員的分工制度為何？應該要專業到什麼程度？獲得多少相對的報酬？而這樣的書店，又如何能夠在一片削價競爭、大型連鎖書店叢林裡蹲踞？他能夠與中盤商談到多好的折扣，因而可以維持生存？」

一間利潤微薄營收清淡的書店，要請得起一位全職店員不僅是要勒緊褲帶，也得想辦法開源。因為小小規劃的活動裡，有一些課程得由我自己來帶，加上需要卯足全力想活動、寫文推書店推書想企劃，因此一開始我便談好一位先前工作上遇到的工讀生，由她負責訂書、進書、顧店結帳等大大小小的事務，書店的「內容」面則由我來負責。

沈小西是小小第一代的店員，手腳伶俐、心思細膩，為小小的工作事務訂下不少好用的規則與流程。十年間，因為小做的事情越來越多，也要執行申請的計畫案，因此又陸續增加了一位正職及晚班工讀生來協助。

第一代店員還沒離職前，曾經有過主動詢問是否有職缺的人，在這之間也曾經應徵過工讀生，那時我們便發現，想來書店工作的人，似乎對這份工作抱有一種浪漫的想像。因此，為了避免造成誤會，在應徵新人時，我便寫了另一篇〈誠徵店員——徵人啟事以及外一章〉[1]，在裡頭細數從

註1 詳文請參見本書附錄：〈誠徵店員——徵人啟事以及外一章〉，頁190-199。

開門到收店，書店店員到底需要做哪些事。此外，也特別聲明：「一整天，作為店員的生活，跟他們每天所碰觸的紙頁內的文字、故事，其實一點關係也沒有。他們從別人的精彩生活邊緣略過，他們的生活，要從離開這家店，結束一天的工作之後，才真正開始。」

聽起來真哀傷。不過，如果不是對書有興趣，幹嘛要來應徵書店店員呢？如果在工作時都無法看書，那做書店店員的樂趣在哪裡呢？

我也曾經想過這個問題，但我想，每一個自己喜愛的事物，如果自己也有能力讓別人喜歡上那個事物，就會覺得開心吧。書店店員，就是把自己喜歡的書，經過自己的手，交到另一個人手上的工作呢。

書店工作也需要SOP嗎？

SOP，標準作業程序，聽起來硬邦邦的，像是作業員一樣，書店工作會需要嗎？來小小工作一定會碰到訂貨、進退貨、結帳等事務，會用到POS系統，所有的系統都有一個流程，它才會根據你的需求運作。當初籌備開店時，系統商會來做教育訓練，受訓的人即是小西跟我，而且，我那時還在跟許多的進貨廠商周旋，因此受訓的人主要是她。小西離職時，便寫了作業系統的使用守則，給後來的新進同事極大的幫助。

另一個需要流程管理的是飲料。我做飲料跟做菜一樣，什麼都是「大約」、「大概」，沒有嚴格的尺度標準，煮咖啡要放多少咖啡豆、冰紅茶的量是多少，糖要放多少，奶茶的鮮奶要放多少，冰塊幾塊，諸如這些，我都是東加西加並未精準計量，然後就做完了。這種沒有準則的作法，讓一起工作的同事感到非常困擾，他們就趁我做每一種飲料的時候，自己記下量度、寫在小紙條上，貼在吧檯前。每次製作飲品時，看到那張小紙條，我都覺得同事實在太神奇了，可以自己生出標準流程來，這讓「差不多小姐」我感到非常佩服。

餐飲部分，我唯一給出標準尺度的是鬆餅，因為沒有配方表的話，同事就不會調鬆餅糊；各式各樣不同有機花茶的分量與沖泡時間，是廠商給的，每種茶種不同，得在正確的時間取出濾茶網，才能有最好的飲用風味。

書籍的部分，架上的書大部分都有上架的邏輯，因此新進同事要學習上書，通常都會從把書歸檔上架開始學起。比較難的是平檯的新書，雖有規則可循，不過沒有所謂的標準。到底哪些書應該要被放在大平檯正面、哪些要繞過平檯之後放、哪些書要秀面、哪些書秀背就可以……都跟一間書店想要呈現給讀者的印象有關。此外，它也牽涉到其他的相關因素。譬如說，村上春樹的書我們也有一定的粉絲群，不過，他的書來到小小，不會被擺在正面第一排，會被擺到繞過平檯之後，或者文學區的新書平檯。

也就是說，入門大平檯正面的位子，是特別留給我判定是重要的好書、需要被更多讀者知道的書，這是規則。舉例：如果童偉格跟村上春樹同時出了新書，童偉格的書在小小，會比村上春樹更有機會被擺到最前面。不是說村上不重要、書不夠好，而是不認識村上春樹的人很少，因此放在繞一圈平檯、或者逛一圈書店，就會很容易看到他的位置即可。相較之下，我們也想推的童偉格，會更需要放在能被讀者立即接觸到的位置。

或者，像是最近出版的《哈利波特》第八集，書進到小小之後，我們只有秀背放一本，其他都上書車庫存區。因為哈粉要不是早就下訂直接取書，要不就是走進書店直接問我們有沒有小哈；沒問的人但也對小哈有興趣的讀者，依舊可以在新書平檯看到他。因此，我們可以把稀少的平檯空間，留給知名度沒那麼高，但屬性跟我們選書比較貼近的書。

類似這種準則，即便同事在開始學習上書時我就會教，不過，通常還是要透過一次又一次的練習與判斷，才會逐漸掌握到屬於小小的準則。

其他諸如環境清潔、甚至是清洗杯盤，每一件事都有一定的規則，但只要不算複雜的事務，在教新同事時示範幾次就能熟練，毋須書面化。

搬到2.0之後，新增加的「店務」是，餵貓。有一次我看見新同事愣愣地站在廚房，他的腳邊大黃端坐仰頭，開始「凹凹」叫要吃罐頭，同事看起來一臉疑惑，突然抬頭問我：「沙貓，貓罐頭一次是要餵多少？」

我想，我的標準跟大黃的肯定會很不一樣。這往往也是讓「心還不夠硬」的同事頗為困擾的一件事。

書店老闆的心事

二〇一二年走訪中國十六城獨立書店時，在深圳的舊天堂書店訪問其中一位老闆阿飛，他提到，舊天堂的書店店員，做兩年就必須離職。我聽到這個規定無法掩飾自己的訝異，人員的流動意味著一切都要重來，對我、對還留下來的同事向來都不是一件輕鬆的事，但舊天堂書店竟然規定店員只能做兩年？

阿飛認為，會來書店工作的都是年輕人，他覺得年輕人不要待在同一個地方太久，要向外探索、要走出去，多體驗人生，就算是換不同的工作也好。

我覺得很慚愧。同樣身為老闆，我已經開始會用老闆的思維去思考，而不是站在同事的角度去思考。縱然，待了一段時間的同事，我也會調整職務內容，讓他們學習新的事務、在這份工作裡有更多發揮的面向，但內心深處每次遇到同事提離職，我都還是會感到憂傷，彷彿這份工作不值得待、不值得久留似的。

如果早一點遇到阿飛，聽到這席話，面對同事離職我就會有不一樣的感受了吧。雖然很欣賞阿飛能夠站在年輕人的角度思考，但我畢竟沒有將同樣的規定納進小小的人事晉用裡。不是因為身為老闆總是希望人員儘量不要流動，而是我覺得每一個人的特質不同，對於工作穩定感的要求也不同，有人會覺得兩年夠了，有些人可能還沒想好接下來人生的路要怎麼走。

大部分的獨立書店經營都很辛苦，能夠請得起人就是一件不得了的事，更別提要給出高薪來留住人。小小即便無法給出高薪，也不是業內最低，但要將這份工作作為一生的工作，坦白說連我都無法想像。以連鎖書店來說，門市的工作人員很少領超過三萬的，我們認識在大連鎖書店門市做了三、五年的，月薪都沒有超過兩萬五，這樣的文化事業，其實是靠燃燒這一輩青年對於書、對於藝文的熱情在支撐。文化環境如此自我剝削，長久下來，我發現不少書店店員的家長，並不支持子女將書店工作視為「正常」的職業選擇，雖然都是成年人了，但台灣父母對於子女的期待，依舊造成壓力，我們甚至遇過家長不願意跟親友承認子女是在書店工作。

書店是文化事業，但也是服務業，薪資偏低是一項致命傷，而職務缺乏長期的展望是另一項；以至於書店工作者在整體主流的就業市場來說，實在談不上是個「有尊嚴」的工作。這不是我個人的臆測，而是開店十年，陸續認識這一行裡各個環節的工作者，諸如編輯、企劃、業務、發行、書店店員，透過與他們的談話所得出的結論。

有時遇到背後同樣有來自家長、親友壓力的工作夥伴，我也會感到抱歉，並且會想，到底要如何才能讓在書店工作的人，能夠抬頭挺胸地對身旁的人說：我是書店店員？要怎麼做才能提升在書店工作的尊嚴感？

創造工作者與人的連結，與行業的連結

在大公司上班，多半會有關於服裝或者一些相關的人事規定。有一年應徵新同事時，有位應徵者穿得很正式，裙子是裙子，鞋子是鞋子，像是要去赴一個重要的約會般，還化了淡淡的妝。後來那位女孩應徵上了，上班第一天，一走進書店我噗嗤笑出來，她已經「入境隨俗」地穿上短褲腳上一雙輕便的夾腳拖。

也許有人會不贊成這樣的隨意，不過，我總覺得在書店工作很辛苦，一待就是一整天，忙得團團轉，能穿自己感到最舒適的衣服，工作起來也會比較舒坦吧。

或者像是上班打卡，開店前幾年我們都沒有設打卡制度；工讀生的班都是預定的，除非有異動，到結算薪資時他們

會提醒我，不然幾年來都很單純。同事遲到只要不是太嚴重，我們都不會干涉。雖然，遲到在服務業是大忌，不過同事彼此會相互支援，我也就隨意。

說起來，我真是一個對於管理非常鬆散的人。很多事情都留給同事自行調節，但因為同事都是平行職，有時工作上有爭議，往往就會相當苦惱，摩擦是難免的。不過，幾年下來，我覺得人與人之間是沒法勉強的，只要在工作上不會因此出包，我也只能交由同事自行解決。談都會談，但人與人之間的往來，「談」不見得是有用的。

應徵新同事的時候，我都會跟他們說，在小小這樣的書店，需要付出最多、也是最消耗的事情是「人」——無論是跟客人，或者同事，往來都很緊密；但相對的，會讓自己收穫最多的，也往往是人。

如果你有人際往來的困擾，卻選擇了服務業，那麼這勢必會是一條很辛苦的路；或者是情緒管理較差，也會造成空間壓力。我不會一定要同事每天笑容滿面，因為服務業裡的工作者，也是人，但如果是經常性的，反倒工作者自身得去思考，是否一定要選擇需要面對大量人群的服務業。管理鬆散的主因，乃是希望一起工作的同事能夠在這份工作裡保有他們自己的性格，相應的，我也會因此付出代價，諸如被客訴啊、講師、廠商不高興啊等等，就得陪著同事一起面對、處理。

此外，常發生的事情是，因為事務繁多，有時我們還是會根據同事的能力去分配一些工作，不過往往被分配到某些事情的人，並不甘願做這些事。但每件事情都需要有人去做，無論是難、繁瑣，或是無聊、枯燥，這種時候，我就會把每個人手上的事情列出來，誰不滿意自己手上的事，那麼就看其他人手上有什麼事，你能夠擔負的，就交換做。

另外，也有一種情況是，某些事我做起來很快，換成同事去做得花很多力氣與時間。有人就會覺得，我幹嘛不做要他們做。比方說跟廠商談條件，可能我一通電話就解決了，但要同事去談，他們會掙扎、會害怕，會擔心被打槍、被質疑，要打一通電話得在家裡失眠兩天。通常遇到這種狀況，我就會跟他們說，一件事情誰做了，那件事情就是誰的，不是你做的，所以它永遠都不會是你的。跟廠商溝通、聯絡講師、談活動，這些事情慢慢去接觸之後，你才會真正進入這個行業，與它產生連結，而不是事務機器，只能聽從指令辦事。

這些歷程，都很辛苦，但這也是我認為，既然在這個行業裡了，即使我們很小，都應該要盡可能地培養下一個世代、新血，投入這個行業，希望他們能夠為這個行業帶來持續的活力。

第十難

第一年到第十年的路

那些變與不變的事

「業績太差？你們要多賣一點暢銷書啦」

這幾年若有媒體來訪，經常會問：這麼多年小小在販售的書種上，有沒有什麼改變？確實有，但不是如標題上所寫的，多賣一點「暢銷書」，而是甚至把整櫃的「暢銷書」砍掉，拿來擴充環境議題類的圖書。

當初規劃小小的書種時，是以文學、藝術、人文社科類的書籍為主，即便是繪本、童書，也是以類似的方向來挑選。1.0的時候，一踏進門就是從世界文學開始、華文，社會學、哲學、藝術……一路排下去。有一回，一位客人踏進來晃了一圈，悠悠地說：「這間書店賣的書怎麼都看不懂啊。」又悠悠地晃出去；也曾經有經過的客人一踏進來，看了兩櫃就匆忙轉身離開。

到底是擺了什麼書這麼可怕？

可能，我們賣的書種，跟大部分小書店一進門是熟悉的流行雜誌、商業類、生活類書籍的印象相去甚遠，因此不熟悉的客人，在不知道這間店到底要幹嘛的情況下，會覺得趕緊離開為妙。

驚慌離開的多半是路過好奇進來瞧瞧的客人。特地來的讀者，都已經從部落格「很好地」知道我們在幹嘛，所以泰半不會有這種反應。不過，無論是什麼樣的客人，想辦法留住就對了，因此，很快的我就在門口右手邊擺了矮矮的一櫃「商業．生活櫃」，嗯……當然也是挑過的，商業傾向人文經濟類，生活櫃則以手工、旅行文學、飲食文學為主。這小小的一櫃，讓不小心走進來的客人立刻卸下心防的效果相當好。

這是第一個「巨大的」改變，表示我能夠「從善如流」——雖然，轉身離開那櫃之後，其他的書種還是一模一樣，但也許那樣的客人已經可以感受到我的「誠意」，會問我一些問題，也會願意多了解一點書店的活動，或者推廣這些書籍的邏輯。

書種的第二個巨大改變是搬到2.0之後的事。商業櫃依然在入口處一小櫃，只是生活櫃獨立出來「長大」了——因為飲食文學的書突然從某一年開始暴增，旅行文學也越來越多樣。

2.0的時候，生活櫃右手邊曾經是「暢銷書櫃」。這裡所謂的暢銷書，指的不是在小小賣得最好的書，是指書市裡定義為「類型文學」的書種，舉凡《哈利波特》、《風之影》、《追風箏的孩子》、九把刀等等，都屬於這一類。

你一定不曾在小小看到過上面提到的那幾本書，因為根本沒有訂進來賣。有一年，有位讀者跟我說，你賣的書都太難了啦，要多賣點暢銷書吸引客人，像九把刀什麼的。我說，九把刀在小小真的賣不掉啊，不然我訂進來賣給你看，他說好，如果一個月內還賣不掉他就買走它，以後就不會叫我多賣點暢銷書了。

我真的訂進來賣噢，它好好的在架上還秀面（！）擺了一個月，然後就被認命的那位讀者帶走了。

那麼，小小的暢銷書櫃，到底都賣些什麼書？這一櫃真的不用擔心沒書可進，因為大概不只十年，書市的翻譯類型文學大爆發，每一個月的出版數量相當多，光是選書就是一件頭痛的事。這一櫃的書我們通常留兩～三個月內的新書，然後退掉一些舊的，再補進一些新出版的，如此輪替。

不過，這一櫃的銷售效益非常非常低，因為大部分的翻譯小說一上市就七九折，小小最多也只有會員價九折，甚至會有讀者來坐在長板凳上看看解癮再放回去。這一櫃的書，數年來真的是展示多過於銷售。

那為什麼還要進？堅持這麼多年是因為，對我來說，書店的另一個存在意義是肩負訊息傳遞的功能，但在這一櫃經常被比價、月月進書賣不掉又得退的情況下，我開始質疑自己是否有必要這樣做。

有一年，我站在暢銷書櫃前，看著那些書，想了一想，就決定將整櫃書「砍掉」，然後把散落在各處，當時有端倪要開始「茁壯」的環境議題類、友善土地、農法相關、動物類議題的書擺一起。這個決定相當正確，常常有讀者在這一櫃前面研究很久，然後就會帶走很多本，並且，一臉非常滿足的樣子。我最喜歡看客人買書買到很幸福的臉了。

十年來「長大」的書種，還有「詩」、「歷史類」、「心理分析・心靈類」、「漫畫類」、「獨立出版類」。反正書市這麼清淡，什麼書都不好賣啊，所以，當然就賣自己想賣的書就好了啊，不然咧？

這就是在「寒冬裡」還犯傻開書店，最棒的一件事情了。

「抱歉噢，還沒結帳的書不能帶到咖啡區」

一開始小小1.0的咖啡區很小，平日使用率不高，也沒有設低消。在書區有兩張桌子，會到那兩張書桌前看書的客人，通常也會點杯飲料，慢慢挑書。沒發生過什麼把書弄髒或者店主人客兩相不悅的場面。

搬到2.0之後，原先的空間限制使然，咖啡區變大一倍。即便它要經過書區才能抵達，但從旁邊巷子的玻璃門看起來，就像是個「有很多書櫃」的咖啡區，或者會以為是租書店；為避免困擾，便設了低消，但還是沒有限制書不能帶過去看。直到，有整批大學生為了交報告點杯飲料坐一個下午一個晚上還嫌低消一百元太貴但他們的午餐跟晚餐都是麥當勞然後把書店的書當參考書用；直到，有客人點了咖啡把書帶去位子上看一看還折頁（就差點沒畫記號了）；直到，有客人連飲料都不想點也不想買書只想坐在舒服的書桌前看書，之後，我們只好全面改成：「書沒有結帳不能帶去位子上看」。

是鐵則嗎？也不是，我們認識的熟客，知道他不會粗暴對待書的，是真心想要買書而不是來折磨我們的，我們就比較不會去管，因為這些熟客對待書謹慎的程度不下於我們。

幾年下來，越是不客氣問類似以下問題的，我們就越是堅持不肯退讓，譬如：你們不是獨立書店嗎？怎麼那麼不友善，書不能帶到位子上看？為什麼不能點飲料，然後讓我坐下來好好看本書？（可以啊你結完帳書就是你的隨便你要怎樣都可以）；這麼麻煩，為什麼坐下來看書還要點飲料？

我不知道這樣的客人去別的地方會是什麼樣子，但我們見過太多會問這樣問題的客人，他們覺得理所當然的可以照他們想要的方式使用這個空間，質疑我們的規定、不滿我們的規則，彷彿他們才有權力決定這件事情似的。這種自信到底是哪裡來的，什麼樣的消費觀念教導他們的，我真的不明白。去別人店裡，尊重店家規定，不是最基本的嗎？

況且，小小的書，只要你願意，完全可以不花一毛錢免費看到飽。為了回報、紀念我童年沒有足夠的錢買書常打書釘的年代，小小依舊保留了這樣的原則：在書區，有許多的小板凳，都是我試坐過的，高度剛好，坐著也不會不舒服；在每個書櫃前的小板凳上，你愛看多久，就看多久，不會向你收費，也不會叫你買書。

可惜，這幾年進書店坐小板凳的，很多並不想看書，而是坐著滑手機。我雖然看到客人坐在書櫃前不看書滑手機會暴青筋，但目前沒有打算改變。那是一種鄉愿的想法：或許，他滑一滑，看到眼前的書，還是會拿起來翻一翻，多少接近書一點吧。

「你們家的書怎麼那麼貴，隔壁書店賣七折耶」

從營業日第一天開始，小小的新書最低的折扣是八折，不是會員價九折。這些八折書，每個月大概十本以內，是由小小透過經銷商跟出版社邀展的書，出版社會退一點進貨折讓給我們，好讓我們提供折扣優惠賣給讀者。這些書會被貼上「小小推薦」，它們是我為了爭取較好的進貨折扣、帳期，以便能夠在沒有進貨負擔的情況下，好好地向讀者推廣的書。

比價的讀者，眼裡多半看不見這些推薦書。他目光裡只容得下他想要的那一本，然後來跟我們殺價，他不想要買滿八〇〇元成為會員可以立刻享受會員價，他只想買那一本，而且只想要用他想像中「合理的」價格，買走那一本。他手上的那本書，進貨價多半在七折上下，賣他七九折，我們剩不到百分之十的利潤，他不會知道。

總結來說，十年來，小小的書只有推薦書是八折販售，其餘都是九折以上，有些書因為進貨折扣過高，我們最多只能會員打九五折，甚至原價賣。低於七九折的書，我們是無法販售的，即便出版商為了下殺到七五折，也願意給出不錯的折讓，但我們通常還是選擇不進書。因為，一來我無法支持這樣的定價策略。你既然可以在新書一上市就打到七五折，為何不一開始就訂一個合理的價格，讓絕大部分的讀者可以不用擔心過了新書期，回到正常書價就會買不下手；或者，為了衝短期銷量又不損傷利潤，就把售價調高，再打低折扣賣？對於書市被長期操作價格來做行銷，我無法認同。

曾經有一間出版集團，願意調降與我們往來的進貨折扣，好讓我們有更好的折扣空間，提高競爭力。我婉拒了。因為只要我們開始將折扣這件事情，作為賣書的第一考量，它便會反應在吸引來的讀者心態上，會在意這本那本書為什麼沒有折扣。而實際上，以折扣撐起來的書市，遲早會因為惡性循環產生惡果。

折扣戰，是一個行業的自殺行為。我一直這樣認為。

開店十年，到現在我們還是會遇到因為沒有打折就轉身離開的讀者，也曾經有讀者直白的說：「你們的書怎麼那麼貴，某本書隔壁書店才賣七折耶。」她說的是《哈利波特》，店裡沒有，她要的話也是要訂。此外，皇冠的書發給小書店如我們的折扣高達七三折，賣七折，我得賠錢賣；也曾經有國小老師打電話來說想要支持我們、跟我們訂書，開口就問，訂童書出版社的書我們給幾折。我們最多就是會員價九折，她一聽到立刻回：那我直接跟出版社拿，他們給我們七折。

為了這件事，我特地諮詢出版業前輩，才知道：大部分的學校團購，出版社都會自己來，給六折、七折這樣的低價折扣；所以當讀者跟我們說，「業績太差你要去跟附近學校多打交道啊，一個班級跟你買書那你看可以創造多少業績」時，我只能苦笑。

作為讀者跟作為書店老闆，對於折扣的感受有無不同，會不會做讀者很想要折扣，做老闆時就變了？我回想很多次，終於確認，以我的買書習慣來說，作為讀者或者書店老闆，對折扣的想法並沒有改變。我不會特別因為書便宜打折，就多買幾本不需要的書，也不會因為書沒打折，就不買需要的書。此外，如果從創作者的角度來看，自己的作品一上市就被打了低折扣，無論如何都會是一件哀傷的事，彷彿出版社對於我的作品很沒信心，覺得沒有人會買，所以才必須這樣做。

折扣戰對於作者版稅，也有影響。十年前出版社的版稅計算，是以定價的百分之十來支付給作者，後來我看過朋友拿某大社的出版合約來詢問我意見，這一條已經被改成「售價」的百分之十。書價打折越兇，作者版稅就會跟著縮水。

開一間獨立書店，不是在孤島上，我必須得去思考整個行業發生了什麼事情，這個環節這樣做，可能會對其他環節產生什麼樣的影響。折扣戰影響書市的不只是數字上的，還有隱性的成本：工作者為此消耗的時間與精力。

有次，一位資深的出版發行來小小談事情，整個過程裡，大概有一半的時間他都在接電話，內容是大通路來抱怨，他給其中一間通路的條件為什麼比較好。事情解決之後，我忍不住問他，這該不會是你每日的工作內容吧？他無奈的笑了笑，是，差不多是這樣沒錯。

十年前，在誠品的企劃部門工作時，當時的大主管給了一條企劃行銷的準則：折扣行銷，是所有行銷思考裡的最後一條路，你真的走無可走了，才能祭出這個兩面刃。折扣永遠有效，很遺憾的，這是人性。為什麼是最後一條路？因為折扣行銷對自身的殺傷力非常強大、後續反效應也會持續很長。這個觀念影響我很深，我認同它，確實也在這十年間關注連鎖體系、網路書店的行銷案，不只是將折扣行銷放在第一線，甚至有些在行銷規劃裡不能碰觸的原則，諸如以打擊對手為行銷思考的企劃，都曾經出現過。

有一年，有間沒有實體通路的網路書店做出一份企劃，文案是：「書店翻，網上買。」有些讀者會認為，這個文案不過是說出事實而已，但就曾經做過行銷企劃的我而言，這樣的文案，實在不是「沒格調」這幾個字可以形容。

我說過，有些事情，我很老派。但從另一個角度想，也不只是老派的堅持而已。當你有對手的時候，你思考要如何把對手擊垮，把客源都吸引到你身上，這不是共榮式的思考；因此可以想更遠一點：對手都擊垮了，剩下你，然後呢？你要如何使這個行業更好，失去競爭對手之後，你還願意做出讓這個行業更好的種種規劃嗎？

或許，因為市場小，餅也在持續萎縮，出版業的每一個環節都想盡辦法要生存的時候，就顧不了他人太多了。對我們而言，出版社是重要的合作夥伴，他們對於折扣的嚴守，往往能夠決定像我們這樣的小書店，能否持續銷售他們的書，並取得好業績。可惜，這樣的出版社並不是太多。

二〇〇九年，小小開店兩年，收到一本經銷商發來的新書，折扣下殺到七折，進貨折扣給我們六三折，亦即，只給我們百分之七的利潤，在震驚之下，去電詢問了出版社，聽了出版社的說法之後，我寫了一篇〈玩不起的自殺遊戲，我們選擇繞道而行〉[1]，裡面談到折扣戰將會對書市未來產生的影響。事實上，十年來對於折扣競爭的惡果，我談了不少，也寫了不少，倡導「圖書統一定價制」，甚至在「獨立書店聯盟」時期，投入第一線舉辦「反折扣戰研討會」，被舉著新自由主義大旗的消費者轟成炮灰，認為我們是為了自己的利益才有這樣的倡議。

下殺到七折的新書，在當年的書市並不常見。在那之後，偶爾會看到新書一上市就打七折，甚至為了推套書，一上市就推七五折，這些都是為了衝短期銷量而如此設定的破壞性價格，它會破壞的是未來那本書的續航力。

但是，對於出版社來說，他們的思考也許是，在閱讀持續退潮、書市毫無復轉跡象的當下，能夠趕緊把書賣出去才

註1 詳文請參見本書附錄：〈玩不起的自殺遊戲，我們選擇繞道而行〉，頁226-233。

是王道，否則在倉庫裡一年一年地擺著，一本書賣個三年、五年，等到版權過期不得不銷毀，那樣的痛，很多出版社都經歷過。

這些，我們不是不能明白。不過，失去的讀者要挽回，還沒有閱讀習慣的讀者要創造，這是當今作為獨立書店的我們所設定的任務之一。

十年間，在整個閱讀持續退潮，今年（二〇一六年）更迎來陡降式大退潮的現今，我們想要維持不變的努力，往往比「變」還要來得多許多。那個不變，意思是指，我們信奉的價值觀與理念，不能與我們所做的事情有所違背；那些不變，是為了要讓最初開一間書店的初心恆在。二〇〇六年五月二十六日，小小部落格上的第一篇文章〈一個長久的夢想〉裡，關於還沒有誕生的書店，我這樣寫道：

「有一家書店，它的存在是讓喜歡書的人可以舒適的停留，在其中的人慢慢都認識了，慢慢的都在那裡聚集，交換他們對書的想法；有一家書店，它的存在是讓很久沒有看書的人們，知道如何再親近紙頁，感受它們的話語與心情；有一家書店，它的存在是為每一本書找到它們的主人，願意多花點時間聽它們說話；有一家書店，它的存在不是只有買與賣的關係，而是因為書，而建立起的感情與友誼。」

「因為對書的愛情，我們存在」，不過，能夠走十年，要靠的是，支持的讀者、出版社與創作者，「因為你們對書的愛情，我們存在」。

這是十年路裡，我們最重要的，不變的堅持與守候。

附錄

第一篇

誠徵店員——徵人啟事以及外一章[1]

二〇〇七年三月五日

「走進一間書店，你最期待的是什麼？我們在書與書店之間，遺落了什麼？」這是許多年前，我曾經寫過的一篇〈誠徵老闆——《查令十字路八十四號》〉裡的一段話。日前終於看到這本書所拍成的電影，回想起當年寫這篇文章的時候，對於開一家書店既沒有任何相關的夢想，對於所去的書店，也沒有任何的期許。那時候的自己，跟許多讀者的想法差不多——我看我的書，寫我的網站文章，有一份還算可以的工作，把我對知識的熱情埋藏在我日夜生活的縫隙裡。

當我看完了《查令十字路八十四號》，我既沒有羨慕，也沒有感嘆。在那書裡面所描繪的，是我從來不曾踏進過的書店，

註1 劉虹風，〈誠徵店員——徵人啟事以及外一章〉，小小書房部落格，二〇〇七年三月五日，http://blog.roodo.com/smallidea/archives/2805997.html。

沒有感受過的人情溫暖。對於沒有過的事物，我們無從感受起。更遑論，曾經在書店工作的自己，每天在我頭頂上，有許多人辛苦的搬這些那些比磚頭還要重的書，我不曾希望、想像、期待，他們還應該為知識服務些什麼多的。因此，他們能夠如實的把我說的書名打進電腦，查到有沒有庫存，或者幫我把我怎麼樣也找不到的書的位置指給我看，然後不要臉臭得要命，我就覺得一切都很美好了。

《查令十字路八十四號》，對我來說，不是個遙不可及的夢想，是個連「夢想」都沾不上邊的東西，比較像是癡想。如果我不是小小的老闆，我聽到有人開了這樣的一家書店，大概也會搔頭：天，這人在想什麼，《查令十字路八十四號》還是《電子情書》入戲太深嗎？（老實說我沒有從頭到尾好好看過《電子情書》，我看的是從中間開始的「斬頭版」）。

這個問題已經被媒體問過很多遍了：怎麼會想要開一間書店？這件事情很複雜又很單純，所以就此略過。總之，事情就是大家看到的這個樣子：我開了一間書店，然後，它是一家要去從那個我剛剛所描繪的「沒有」的基礎中，重新打造的書店。跟《查令十字路八十四號》不同的是，小小所做更多的，或許不只是找書這件事情，而是我們已經談過很多很多次的：要用閱讀，把人串聯起來。

已經度過第七個月的小小，將在進入第八個月的時候，帶著不捨的心情，歡送一位與我們一同打拚過來的好夥伴。然後，在這裡，我們要找一個人，接手她所做的部分事務，於是，這裡開始出現一個有趣的狀況：我要用社會新鮮人，還是要用有經驗的人？

大部分的老闆愛用有經驗的人，因為這樣可以省去訓練的功夫，所以我常很好奇：既然大家都那麼愛用有經驗的人，那每年畢業的一堆新鮮人怎麼辦？我記得我們徵的第一個工讀夥伴，那時候我沒有限制經驗，來面談的許多人，百分之九十九．九都沒有書店工作的經驗，但是，都對在書店工作非常有興趣，於是整個過程下來，我發現，大部分的人對於在書店工作有著無比浪漫的想像：因為書，甚至因為小小的氣氛。

所以，在誠徵店員之前，我很樂意細數一下，從開店到收店，一個店員究竟要做哪些工作，甚至要扮演哪些角色。

開店：早上來，要先把咖啡區的地毯吸乾淨，收拾昨夜吧檯洗好的杯盤；準備當日要給客人喝的白開水跟杯子；如果冰紅茶不夠，要先煮一壺紅茶備用；牛奶不夠要先去買。接著，將今日要倒的垃圾整理好，下午一點垃圾車來倒垃圾；洗手間的鏡子檢查有沒有擦、馬桶蓋有沒有擦；地板有沒有乾淨；

然後最後把要擺到外面的二手書、桌椅、傳單桌、黑板一一搬出去，擺好；用吧檯的咖啡渣裝好煙灰缸，放到外面桌子上。

這時整理工作差不多就緒，十二點開門，放音樂、天悶天熱要開空調，咖啡區開燈；然後是櫃檯工作：開電腦、POS機。

訂貨、廠商聯繫：再來就是開信箱，處理老闆交代要訂的新書。這是日班每天最重要的工作，新書之外，還要看有沒有訂書急件要趕緊下單的、客人瑕疵書要退得趕緊進新書；有沒有網站留言要訂書的、電話訂書，或露天拍賣下單的書；有無書展需要聯絡，確定合作時間、訂量、退清時間、退折數、票期等。有沒有需要聯絡的新廠商，要確定合作條件、進折數。有沒有近期的店內活動需要訂的書籍，要去信箱撈書單，一一核對哪些是出版社還有書可以訂的，書目看起來很奇怪、問不到經銷商的，或找不到書的，得再回信給講師確認，或者寫信給老闆詢問。有沒有什麼談不攏的、有問題的書展或者訂書，要記下來告訴老闆去處理。要把所有的訂貨單印出來，一家一家傳真。

退貨：大約一兩個星期，老闆就會開始抓退一些書籍，或者你自己得把書展要退的書、因為讀書會、書友會等活動多訂的書在關帳之前退掉。

顧客服務，飲品服務：在做這些事情的過程當中，會有客人不時進來，要端水出去，要跟客人微笑，要跟客人說有位置都可以坐，東西都可以先擱著；有些客人很熱情，是特地來找小小小的，所以還要扣去跟客人聊天、介紹他們整家店的歷史、來源、理念的時間；另外，也要扣掉做飲料、烤鬆餅、煮咖啡的時間……以及，也要扣掉客人走掉後要收水杯、飲料、杯盤的時間，還要找時間去吧檯洗杯洗盤，洗咖啡壺，補充飲水機的水，補充冰塊，鬆餅糊用完時，如果店裡只有一個人在，然後不巧剛好有客人點鬆餅，你還得自己調鬆餅糊。

進書入庫上架：這還不是全部，如果當天有進書，你還得建檔、刷條碼、進書入庫，最後還要上架。

讀書會等活動：要回信給讀者各種關於活動的疑問，要登記之後回信給讀者說已經登記下來了，活動前兩天要發提醒通知，萬一老闆沒時間聯絡講師，有時候還要代為聯繫（不過這種狀況很少）。

對帳&銷報：每個月都要根據進書、退貨單，把廠商寄來的對帳單跟小小的核對過後，將所需支付開票的金額列給老闆。書展還要出銷報給出版社；要出排行榜給老闆，要給媒體用的。

看到這邊，累了嗎？這只是書店龐大繁瑣事務的一半而已，還有許多不知道該怎麼條列，可能會出現的狀況、事件要處理；此外，晚班的工作也還沒細數，但這中間至少還包括要交班，收班還要將整間店打掃乾淨、收完吧檯、清洗完所有的杯盤、將隔天要用的東西都整理好，最後還要日結。

一整天，作為店員的生活，跟他們每天所碰觸的紙頁內的文字、故事，其實一點關係也沒有。他們從別人的精彩生活邊緣略過，他們的生活，要從離開這家店，結束一天的工作之後，才真正開始。

你說，誰不是這樣過著生活呢？我說，是的，但是請不要過度浪漫的想像作為書店店員，是比較幸福或者擁有更多精彩日常生活的可能。

既然這麼辛苦又繁瑣，那麼，作為小小的店員，回饋在哪裡呢？或許，認真要談的話，就是，作為小小店員，該有的福利你都會有，然後，你可以免費的參加我們所辦的任何一門課程；你擁有規劃自己工作、你想要著力的事務，只要我們能夠協調出，誰來做這件事，它該怎麼做；你可以建議任何你想要建議的事，只要你有想法，知道該怎麼去執行它，並且這件事情是對某些事情有益的。你會在一個有人情的環境裡工作，這人情，將會是你的資產，但另一方面，它也許也會是你的某一種負擔。你也會在一個考慮很多、並且希望每件事情是為了更多更美好的事情所存在的一間店工作，因此，作為這家店的夥伴，回饋經常是來自於那些你曾經負擔過的事務裡面。

我們很珍惜，曾經有過的緣分，因此，面對一個夥伴的離去，我們將給予祝福，並且希望能夠從中學習到，我們該怎麼樣更好地保護好自己的工作夥伴，讓這份工作可以是對他有益而長久的；而我們也希望，這篇文章，即便說不盡作為小小店員的辛苦，也能讓曾經在這個工作職務上的同事明白：你真的做得很好，而我們也期許自己，能夠找到跟你一樣優秀的同事。

這真的是一份徵人啟事。如果你看完了它，還願意跟著我們一起往前走，那麼請你Email給我smallidea2006@gmail.com，附上你的簡歷，或者一篇名為：《誠徵書店老闆》的文章，字數不限，在自己或者想像的讀者的忍耐限度之內即可。

我們尋覓的人，日間工讀或正職皆可，對於當代文史哲藝術生活類童書繪本等類別的書籍感興趣佳，但不是絕對必要條件；日間工讀時薪九十元，享勞健保；至於正職薪資，我們能夠給的著實不高，但是也不會低於目前一般通路門市、採購的水準。

第二篇

誰需要獨立書店？——獨立書店的困境與出路[1]

二〇〇八年六月十三日

沙貓貓說：這一篇文章，將刊載於馥林文化所出的《双河灣》免費刊物上，這一期的獨立書店專題，除了我這一篇之外，還會有其他文章。由於原稿較長，因此在小小這裡分次刊出，若有人願意提供更詳實的方案與有關世界各地獨立書店經營的資料，也歡迎回應。

一年半以前，有人寫下了這樣的句子：「我想我會甘心過這樣的日子／有一間書店，緊臨著河岸邊／我為祂，守候著時間」，經過幾個月，她再度寫下「一定是的／我想我將會後悔／這道理就像是／天書不該被書寫／愛情不該成為永遠／所謂的度假勝地，應該／只存在於陽光燦爛的週末午後

註1 劉虹風，〈誰需要獨立書店？——獨立書店的困境與出路(一)、(二)、(完結)〉，小小書房部落格，二〇〇八年六月十三日，http://blog.roodo.com/smallidea/archives/6172763.html。

／而不是日常生活的每一天」。一年以後，不再以詩句，而是以文章〈最有名的短命書店〉，她宣告：「開店至今大約一年半，因為虧損太多，已經面臨休業與否的抉擇，在今年十月店租到期之前，就必須下決定了。」這是位於淡水有河book的老闆之一，隱匿所丟出的沉痛宣言。也許人們可以歸納為這是夢想與現實之間的裂縫，然而，有河book的處境，不過是提前揭露了全台各地獨立書店的困境。

經營小小書房將近兩年，面對相同的處境，我想是應該剖析並且澄清，這樣的困境，並非來自書店本身而已，而是台灣社會必須付出的共同代價，或者，共同面對、扛起的社會責任。讓我們來一一檢視幾個常提給獨立書店經營的建議，讓大家一起來了解這些建議的實際以及虛妄面。

獨立書店應該加強社區經營？

讓我們先問：什麼是社區？我們對於社區的理解，首先落在地理區域的範疇。服務地理區域內的社區居民，過往傳統文具書店是在這個意義下經營的，然而，如果你能仔細觀察住處附近的這些地方書店，不難發現它們一家一家關閉、歇業。這些地方小書店向來不被納入出版業的經營分析，遑論去探討它們存廢的原因。而以經銷商鋪書的比例、連鎖書店進書的比例粗略推估，它們的存在，曾經占據台灣出版通路至少三分之一強。而，現在呢？

前文建會主委陳其南，曾經針對傳統的社區定義提出更新：「社區的本意比較接近『社群』或『共同體』的含義，它既非單純的空間地域單位，也非行政體系的一環，它應該是指一群具有共識的社會單位，所謂共識也就是『社區意識』。

因此，一個社區當然指的是『人』而非『地』；是『社群』而非『空間』。」[2]假如，不是從地理區域的範疇思考，而是以這個轉向之後的社群概念為基準，那麼，現行我們所稱的「主題書店」或者「獨立書店」，幾乎都是以社群的經營概念出發、維持。

以社群經營的角度，無論是主題書店或者獨立書店，皆會面臨一個窘境：其所在的地理範圍內，沒有足夠的社群基礎，得以支持這家書店的存續。台北溫羅汀區域，或許是全台獨立書店裡，擁有最為豐富的人文色彩、需求相似、閱讀口味最接近的社群人口。除此之外，全台各地，我們幾乎看不見質與量都如此高的閱讀社群。溫羅汀的主題、獨立書店，正是因為面臨自己生存的困境，才相互結盟。現實的情況是：營收持續縮減，虧損無見止境。

註2 陳其南，〈社區總體營造的意義〉，《社區總體營造與生活學習》，1997，宜蘭：仰山基金會。

溫羅汀區域以外，以台北縣地區為例，被稱為文教之都的永和市，似乎較有機會吸引該地具有相似人文意識的居民接近。小小書房在當地營運將近兩年，我們的確也逐漸看見這些人口的增加與擴大；然而，同樣的，永和在地的居住生態，外移人口多，流動高，也使得我們無法累聚足夠的社群會員定期回流。讀者一旦搬離到較遠之處，回流的速度就會趨緩，甚至停止。營運將近兩年，依然艱辛苦撐，無法打平虧損。

經營八年半，位於嘉義平原的洪雅書房，以「南部最活躍的社運書店」為理念基礎，經營社區意識。書店作為社運、社群經營的實踐場域，他們「理當」擁有足夠的社群基礎支持書店的營運。然而，拜訪洪雅一個下午一個晚上，除了到訪的我們幾位之外，將近六、七個小時，書店沒有一個人踏入。而老闆余國信也坦稱，每個月的營收相當少，除了活動帶來的人潮、買氣，平日出入書店的顧客群很有限。

根據開拓文教基金會的社區發展資源手冊資料，一九六〇年代以來，台灣政府扶持社區經營、社群發展的目的，並非是為文化扎根，而是為了縮短城鄉差距，均衡地方發展以及改善基礎生活環境。因此，投資在硬體建設上的比例，遠遠高過於軟體的投資，遑論文化資源的分配與挹注。若是將獨立書店困境的出口，等同於強化經營社區、社群為首要目標，無異於要獨立書店以一己之力，解決台灣將近五十年來政府、社區總體營造工程、社區大學所無法施力的裂縫。

此外，書店經營在政府的認定裡頭，屬於「營利」事業，這我們無可否認。然而，當追求利潤並非該事業的第一要務時，在事業體的認定上，它就必須被歸到NGO或NPO裡頭。諷刺的是，獨立書店是一個在理念上，不以利潤追求為首要目標，在產業的結構，也無法「營利」的「營利事業」。因此，就每一家獨立書店的存在而言，政府即便在未來挹注文化經費在社群、社區的發展，也通常限定營利事業不得申請，就算有餅，那裡也沒有獨立書店可被分得的份。

當我們得到學者、專家、出版觀察者甚至讀者……等等的建議，獨立書店應強化社區、社群經營時，我不想稱它是一個神話，因為我的確認為，它可以是一個有理念、願意深耕台灣各地文化的書店，長期努力的目標與方向。然而，這個目標，卻無法解決獨立書店每日、每月所面臨的虧損與重耗，不是嗎？那還有什麼出口呢？

獨立書店應該多角、複合經營？

複合式經營，是建議獨立書店走出困境的另一個神話。

二〇〇七年，誠品書店提出營運新方向：「書店應走向複合式經營」之時，彷彿宣告書店找到一個新的營運模式，而事實上，複合式經營不早就已經是誠品的經營模式了嗎？擁有大坪數大面積的書店，結合餐飲、專櫃、文具、禮品等異業，吸引不同屬性的消費族群接近，企圖為書籍市場帶來人潮。然而，二〇〇八年一月十四日，經濟日報的報導中[3]，誠品營收較二〇〇六年衰退，而意圖在二〇〇八年成長的主要進帳，並非來自複合式經營的擴大，而是B2B（寄售平臺）的導入。預估一百億的營收裡面，圖書占了三成。如果以二〇〇六年誠品營運報告來看，信義店圖書與商品的比例是三比七，敦南是五比五，那麼，調整其他商品的比例，顯然是為了解決日益縮緊的圖書營收（或利潤）。那麼，誠品書店究竟是要做書店，還是要做精品店？

這也許是一個不太令人陌生的提問，聲音刺耳，但它的確提出了一個事實：複合式的經營，是為了什麼？

註3 李至和，台北報導，〈誠品今年營收挑戰百億〉，經濟日報，二〇〇八年一月十四日。

竹北草葉集概念書房，從一店到三店，大規模地將圖書營收占比往下調整大約五～五十五成左右，提高餐飲以及其他商品部分，這是很驚人的比例。然而，在圖書的利潤如此微薄的情況下，調整的確有不得不的理由。不同於誠品的是，草葉集在擴展、推廣其他商品，並非根據利潤作為唯一原則，而是在堅持打造綠色生活的經營理念下，因為圖書的利潤太低，而不得不做的調整。然而，餐飲的引入，所必須付出的代價是高額的人事成本。再加上，這兩個行業所需的專業人才，並不容易找到交集處，因此，每引進一種新的營運項目之時，無論是餐飲、出版、商品……任何你能想到的項目，就必須找到對等的人才。以長期來看，調整書店營運模式、多角發展，並且降低圖書占比，確實是書店得以長期生存下去的路。

但是，這又回歸到同一個問題：當我們還能定義圖書占比不到兩成的書店是書店時，根據的是什麼標準？複合式經營，究竟是為了突顯理念，或者是不得不的選擇？

更進一步的問，當一個產業的利潤結構，無法支持這個產業本身的存在，而必須與異業結合之時，這個產業的內部，還能是健全無缺的嗎？

獨立書店應多開拓團購客群與業務？

團購業務的龐大商機，是建議獨立書店走出困境另一個常見的神話。餅如果夠大，自然有人搶著分。讓我們先來看這塊餅，在出版業是如何劃分的。

團購大體上有兩種狀況，一種是單本量的團購，比如一本書要數十本到數百、數千本之類；另一種是金額的大量，學校或企業數萬元甚至數百萬的採購額。這種業務，出版業的確有人做。前者，中大型的出版社有專門接洽學校、企業通路團購業務的部分或專員，免掉中間商這一層，可以多出一～一成五的利潤，因此，如果學校同一本書對同一家出版社訂購達一定額度，或者金額達一定額度，拿到七折的書價並不稀奇，以出版社成本三～四成來看，利潤遠比給經銷商或者大型通路的還要好。我們也曾經有學校的老師來詢價過，然而確定無法比七折更低，自然就沒有後續。那麼這樣低折扣的團購業務，每一家出版社都願意做嗎？就我所知，這種自行破壞市場價格的生意，不是每一家都願意接的。把生意往外推，自然有他的理由。

而這種生意對獨立書店來說，有多難拿到手？以小小的實例來說，單本圖書，通常對出版社我們要有二十本以上的量，才有可能跟出版社要求壓低折扣，不多，大概百分之五左右，買斷，不可退。而若是跟經銷商，也要有三十～五十本以上的量，才有退折的空間，一樣，買斷，不可退。

亦即，每次接到詢價電話，我們就必須先確認訂量。我們最歡迎那種：量大，單一圖書，且原本就是我們有往來的廠商的訂書。即便只賺百分之五，也不需要花太多力氣就可以達成。然而，我們比較常遇到的，通常由小型單位，如學校的系所、課程、或者團體來的團購訂單，他們也許不用壓到七折，大約八折就可以接受。然而，由於他們提供的單本圖書額度，通常不到可壓低折扣的數量，書單書目多，每一本書不到十本的採購額，加起來的確是一筆錢，然而如果我們接了這筆生意，就必須啟動以下流程：

一、確定書單內有哪些書是我們本來就有往來的廠商。

二、跟廠商確定是否有庫存。

三、跟沒有合作的廠商詢問合作條件，談成／或談不成合作。

四、沒有合作的廠商通常會願意提供給同業七折～七五稅內或稅外的價格，但你要自己付運費（七十～一百元不等）或自己取書。

這些動作，以十本書的書單來說，我們可能就要花一個星期確認；以五千元的採購金額來說，忙一個星期做一筆生意，如果只能賺一成，五百元，以獨立書店稀薄的人員配置來看，光電話費、人事費跟運費，夠支付嗎？

另外一種是大量金額對不同出版社的團購，這種業務通常有經銷商、大型通路如誠品、金石堂、博客來，或者如過去城邦書蟲接手。若是學校通路，採購法十萬元以下的金額不需要招標，通常就是誰先搶到這塊餅，沒有什麼意外雙方合作愉快就一直做下去。若是招標的案子，就必須由專人去標，拿下案子根據標案執行。這種通常不會限定一定的書單，而是由得標的公司根據標案的方向挑選採購。然而，根據出版業內部人員透露，這種標案通常都將進書的價格壓到極低，因此能標到的公司，到時候採購到的圖書品質良莠參差嚴重（這是委婉的說法了），對於質的部分，無法控管。而這種專門拿標案的書商，也是有的，他們的存在是出版業另一種奇異的狀況，亦很少進入圖書出版的觀察分析裡。

除此之外，大量金額的團購業務，由經銷商或大型通路承辦，除了書庫的種類、存量、折扣都比小型書店具有優勢之外，就是在書單的提供上，系統能夠較迅速做到根據分類交叉，挑選合適買主的書單。亦即，書庫系統分類做得越好的，在這方面就越省人力。而書籍分類建置，一向都是由人力建置，通常是由採購人員做，因而造成每家系統內的書籍分類狀況不一。比如誠品在還未導入SAP商務管理系統之前，書籍分類的情況紊亂，要提供買主滿意的書單，可不是手指一Key，滑鼠一按這麼容易的事情，通常在電腦跑出書單之後，還必須手動轉檔、挑選、查核庫存狀況，才能完成一份可以見人的書單。

因此，若該書商或通路系統的圖書分類做得很差，還能繼續接團購生意，你就該為那個苦命的團購窗口鼓鼓掌。

不願面對的真相：折扣戰

折扣戰對於出版的殺傷力，早就是書業不爭的事實。我們現在已經不用去問，台灣的圖書折扣戰是誰先開打的，但是悲慘的事情是，根本也沒辦法問：它什麼時候會結束。過往維持原價銷售，會員九折的誠品書店，平均圖書毛利是三〜三成五左右，而金石堂也曾經擁有過三成五甚至更高。目前網路書店、連鎖書店常見的折扣是七九折，損失兩成的部分，書店與出版社各吸收一半，亦即書店毛利降至二〜二成五，出版社是五～五成五的毛利。然而，如果通路意欲將毛利維持在三成左右，才能生存，那麼，出版社就得再多吸收百分之五，往下調降到四成五～五成，底線已經幾乎逼近成本。

那出版社怎麼生存？調高售價顯然是出版社的生存之道，因此，面對「生生不息源源不絕」的削價折扣，就只能一直反應成本提高售價。打折，有讓消費者的荷包比較鬆嗎？

獨立書店面對這樣的折扣戰，又是何種景象？

獨立書店的平均進價是七折，不打折的情況下維持三成毛利，書展八折或七九折，毛利剩下兩成。以獨立書店的進貨額來看，幾乎沒有任何的希望可以調降一般進貨折扣，因此，若會員維持九折，那麼圖書的平均毛利大概就是二成五。亦即，獨立書店不僅完全沒有任何的優勢，可以迫使出版社、經銷商吸收打折損失的毛利（即便有優勢，他們也不見得就願意這樣做），面對消費市場自由競爭，又不得不加入折扣戰的話，無疑等同於自殺。然而，在網路書店、連鎖書店紛紛祭出新書七九折時，讀者願意讓自己荷包失血，去沒有削價競爭的書店買書嗎？

而政府面對文化出版產業失衡的狀況，又能有什麼作為呢？

根據紐約時報的報導，法國書商聯盟曾經在二〇〇四年底控告亞馬遜（Amazon），針對亞馬遜低於售價之折扣已經超過法定標準，同時也針對亞馬遜免運費的行銷手法開罰。這個條例，是引自法國的一九八一年由法國議會通過的《雅客・朗法》，亦即「實價書協議制度」，也就是統一書價，書商不得隨意降價或加價售書，目的在於防止圖書商業化運作危害文學創作、圖書銷售以及出版，保護中小書店及出版社。而中華讀書商報也曾經批露，二○○四年德國出版社亦槓上亞馬遜[4]，將書籍從亞馬遜上下架，因為亞馬遜要求的進貨折扣，已經到了出版社無法忍受的底線。

台灣出版社，誰有勇氣槓上博客來、誠品或者金石堂？網路還未泡沫化之前，在博客來崛起的情況下，許多大型通路紛紛成立了自己的網路書店。而大型出版社為了搶這一塊生意，也紛紛投入網路書店的建置。至今為止，書籍網購成為壓縮實體通路的另一個難以面對的現實：出版社在自己的網路書店上，祭出遠比一般書店更低廉的價格，但這搶不了太多網路書店龍頭的生意，他們搶到的，頂多只是這些逐漸在大規模的折扣競爭裡，可說是手無寸鐵的一般書店生意。然而，投入的生意如何收手？網路書店所支付的營運費用，不見得比實體書店來得低，出版社自己跳下來做網路書店的結果，這幾年也應該可做個全盤的檢視。我看著各種大大小小

註4 欽文，讀書頻道非常視點，〈抵制苛刻條款 出版商向亞馬遜宣戰〉，新華網，二○○四年六月二十一日，http://news.xinhuanet.com/book/2004-06/21/content_1537682.htm。

的網路書店，幾近從年初到年終的折扣活動，不禁想要問：贏在哪裡？輸的又將是什麼？

而現今，誰願意去面對這個殘酷的真相：折扣戰最後是台灣書業全盤皆輸的狀態，無論是出版社、通路、消費者、台灣文化，無一倖免，更不要說是獨立書店。

難以面對的真相：閱讀人口與出版的轉向

全球閱讀人口滑落，不是什麼新鮮事。然而，我更關注的不是閱讀人口滑落的問題，而是轉向。這個轉向，也不是大家習以為常的：因為網路閱讀而影響的實體書籍閱讀。我所關切的轉向，是因為幾家大型書店的進貨制度而引起的轉向。這個問題，很久之前就曾在金石堂宣布轉「銷結制」就開始產生影響，然而，在去年年末到今年年初，誠品向出版社宣布全面轉「寄售」制度，才整個炸開來。這是暨簡體字書進口台灣之後，對於人文出版的另一次衝擊。

台灣的進貨「月結制」被詬病已久，很多人也都會抨擊，出版社長期以來，以書養書，造成出版良莠不齊的狀況。然而，的確有許多出版社，在經營方向上，以一些好賣的，但不見得是出版社理念上想要出的書，來養自己真正想出的書。看起來像是一個不健全的制度，但是也這樣養活了出版業十幾二十年。全面轉寄售之後，出了書不再能夠於三個月之內拿到錢，還得攤還庫存在書店裡的書款，那麼，出版社的經營方向，就得朝能夠快速賺到錢的出版來思考。

在這種情況下，可以預見，那些原本迴轉率就低的書籍，將逐漸消逝在出版規劃裡。而出版業中，迴轉率低的書，大致上就是以人文社科類，包括文學、藝術類的書籍。在第一波簡體字書的衝擊之後，這幾年台灣人文社科類的出版品也逐漸找到新的方向，然而，誠品寄售制的轉變，將是另一次影響更大、更長久的衝擊。

跟金石堂相較，誠品經營十多年的強烈屬性，就是落在這一個區塊上。縱然這幾年逐漸調整經營風格，這樣的屬性不再如過往強烈，但他們在這一塊的銷售力上，依然比其他大型連鎖書店來得強。因此，誠品轉寄售制的衝擊，不只是出版社一時所面臨的財務狀況，而是更現實的，將來要如何生存。

出版業因應這個緩衝期低的方法，將直接影響整體的出版面向。簡單來說，以小小的狀況而言，若我們的經營方向，就是以人文社科、文學、藝術類別的書籍為主，不走大眾暢銷，然而出版品的質卻是我們無法掌控的情況下，我們的確很容易面臨無書可賣的情況。

無書可賣，有這麼嚴重嗎？我們經歷過兩年的台北國際書展。國際書展是這樣，出版社大部分都會趕在過年前、國際書展前努力的出書，然後到三月，差不多就沒啥亮眼的新書出現，平檯乏味可陳。縱然我們不是只靠每月出版的新書在做生意，然而一個月只要掉個一、兩成的生意，就得想辦法補。連續兩年的三月，都會發現這種無新書可賣的狀況。

原先針對這類書籍的閱讀人口小眾，我們的做法是積極的辦活動、讀書會、課程推廣，長期的經營與扎根，將有助於將這類書籍推廣到有潛力的一般讀者身上。然而，當我們著力在開發這一群讀者的同時，也發現繁體出版在這一塊的疲弱之時，能不感慨嗎？

面對這樣的情況，我們並非沒有因應之道：引進簡體字書、挖掘合適的二手書，開發獨立出版及小型出版社的書籍；然而，中大型出版社的出版品，占據我們每月營業額的至少三成之時，要補這個缺口，恐怕並非易事。

誰需要獨立書店？獨立書店的存在意義是什麼？

當你問，獨立書店為何要苦撐的同時，心底大概也知道，他們願意苦撐也許是基於某種理念。然而，當失血無法遏止，冬天遙無盡頭，誰願意為了理想苦苦守著一個血流不止的黑洞？

消費者的意識喚醒，進而支持，或許是一個契機，但非常緩慢；政府要去理解、面對出版、圖書不是一般商業商品，而是文化的根柢，這個路途，也顯然很遙遠。因此，獨立書店的存廢，牽涉到的不只書店本身經營模式的問題，而是整個社會、出版的上中下游環節，以及包括我們的政府，對於閱讀的認知，對於文化的維護，究竟能不能捍衛與堅持。

我並不認為，獨立書店的存在意義，是獨立書店自己所賦予的。尤其在整個書業結構已經傾斜的狀態下，許多獨立書店的確抱持著理想而前進著，而他們也的確需要實質的鼓勵，才能繼續生存。當消費者、通路、出版社、政府，最終決定將出版、圖書全盤放手交給商業模式、自由市場競爭，意味著會有那麼一天，無法找出在商業模式之下生存的獨立書店，得退出這個自由市場。

因此，如果你認為，這個社會還需要獨立書店，它們為你帶來生活、生命不一樣的意義與風景，那麼或許，我們應該更積極一點。

經營小小將近兩年，去年開始深入了解各家獨立書店的營運狀況之後，再整理、思考整個出路的可能，我想光憑獨立書店自身要殺出血路的機率微乎其微，我們的確需要更多人的加入與實質行動。

因此，我想提出以下實質的行動方案，若有人還有其他想加入的條列，也可以回應、增補：

一、消費者：直接抵制削價競爭的網路書店、連鎖書店，轉向支持你認同的中、小型書店或獨立書店。你可以買書、參加活動、將它們的存在與理念告訴更多人，以行動直接支持你願意它們存在的書店。

二、出版社：勇敢站出來結盟，共同抵制壓低折扣的書店，為你們的生存以及書業的生存發聲。增加拓展其他書店通路、活動的可能，將你們可貴的行銷經費，投注在更需要的小型書店或獨立書店上，而不是已經非常龐大的書店通路。

三、學者、出版觀察者、相關出版觀察機構：邀集文化出版的各個環節進行對話，深入了解整個文化出版產業失衡的現象，並觀察全球面對書業的不同政策與做法，匯集成給政府參考的白皮書，影響政府文化出版政策的走向。

四、面對政府，如果大家願意，可以發起一人一信，寫信給立法院或文建會，請他們正視台灣出版是我們的文化根基，提出解決出版產業失衡的政策與方案。

第三篇

玩不起的自殺遊戲，我們選擇繞道而行[1]

二〇〇九年八月二十九日

對，我是在談一路下殺的折扣遊戲。為了避免文章過於冗長模糊焦點，我先聲明以下幾點：

一、如果你是消費者，也拒絕玩這個遊戲，想支持我們，但又要顧你的荷包：請你加入我們的會員，然後加入我們的卡卡會員[2]，你可以不用勞累地點滑鼠逛遍所有網站，去計算哪一本書要打多少折，什麼時候打折，把時間省下來專心看書，這件事情很容易。

二、如果你是出版社，也拒絕玩這個遊戲：請你繞過經銷商，與我們直往，我們會負責照顧好你的書，扮演好你與讀者之間的溝通橋梁角色。

三、如果你是經銷商，也拒絕玩這個遊戲：請你拒絕要自殺

註1 劉虹風，〈玩不起的自殺遊戲，我們選擇繞道而行〉，小小書房部落格，二〇〇九年八月二十九日，http://blog.roodo.com/smallidea/archives/9861471.html。

的出版社，努力照顧好願意好好經營你們書籍的通路。

四、如果你是作者、譯者，也拒絕玩這個遊戲：請你尊重你自己創作值得的回報，不要被出版社壓縮，把事實寫出來，把聲音傳出去，花時間去尋找願意給你更合理創作回饋的出版社。

五、如果你是出版社的工作人員，也拒絕玩這個遊戲：請你好好地跟你還有理性的老闆談，因為你不想要丟掉你的工作。

這篇文章我本來很懶得寫，大概也看得有點麻痺了，諸如在草稿箱裡存檔的幾個新聞標題：「捷運中山站地下街城邦書展三八折」、「中山捷運地下街天下文化八本五〇〇」、「一〇〇家出版公司全面五折義賣書展」，還有遠流最近在自家網路書店上清所謂的風漬書與回頭書之八本一〇〇〇，木馬在博客來的五折起書展；精明的消費者，也會看到有些出版

註2 小小書房，〈小小會員重要訊息公告！邀請你加入【卡卡會員】！〉，小小書房部落格，二〇〇九年八月六日，http://blog.roodo.com/smallidea/archives/9692311.html。

社的新書在網路書店一上架就直接打七五折……

我會眼紅嗎？一點也不。當然過去網路訊息傳遞得沒那麼快的時候，全台灣各地可能不知道有多少城鄉的書店空間，是作為出版社清理庫存之地，折扣確實也都殺得很低，然而現今，已經不是一般庫存出清的概念，而是新書，一上市就直接將折扣下殺，為了什麼？因為消費者已經非折扣不買了嗎？如果是這樣，那麼或許可再繼續想像，要殺到多少的折扣，消費者你才願意出手？買到最後，我都搞不清楚你究竟是在買折扣還是買書。

折扣戰這件事情的後果對於消費模式來說，本來就是可以預見：一開始是八五折、七九折，像競標一樣，突然有家書店開始玩每日六六折，是個好手法，於是你開始等，哪一天你想要的那本書被丟出來（是的，不是選中，是丟出來）打六六折，歡喜下訂帶回家。

但人生想要的書很多，不可能天天都是六六折，但你願意守株待兔，而你守株待兔的結果書店會沒飯吃，所以書店就繼續把書的折扣往下打，好啦，再來是七五折……就在今天，我們接到一本一上架就全通路七折的書。

要我們賣七折，貼紙都貼好了，但是書商給我們的進折是六三折。我打電話去出版社了解情況，將我們的意見回覆給他們：這種折扣，我們沒辦法賣，所以我們能選擇的，就是退書。出版社很客氣，也說願意將我們的意見聽進去，下次再做同樣的行銷時，會仔細考慮。他也提到，出版社有其利潤考量、經銷商也是，於是我回問：在這一波的考量裡，只留給書店百分之七的利潤，究竟是基於什麼樣的考量，認為這樣的折扣，我們可以活得下去？

我會憤怒嗎？一點也不。這是出版社的考量，無論理由講得有多麼禮貌，在這一本書的行銷通路選擇上，已經排除了小規模書店，將全力放在連鎖書店、網路書店或者特殊通路上。這個折扣的選擇意味著，過去賣三千本才能打平的情況，現在你要賣出四千五百本才會有相同的結果，而出版社顯然認為，一本書能夠因為折扣很低，被一傳十、十傳百地賣出去，超過四千五百本的量而賺錢。

這是個出版社都知道的事實，但我不知道為什麼還有出版社想不通：暢銷書，絕大部分都不是因為你賣得很便宜，才變成暢銷書的。你有一打以上的暢銷書案例可供你分析，知道它成為暢銷書的祕密很神祕，有些可以操作，有些操作不來。亦即，假如成為暢銷書你必須有十條規則要努力，其中有一條叫「打驚人的折扣」，那麼也絕不代表其他九條你都可以不用管；此外，也有出版社深知，就算十條你都做到盡了，它也有可能沒你想像地暢銷，比如，你希望它賣一萬本，偏偏它就是「只」賣了六千本，滑鐵盧的亦有無數前例。

但我預設，所有的出版社應該都明白，打驚人的折扣是一條不歸路，但現今你看到的現象是，它們彷彿成了唯一的一條出路，急急地往那條路上奔竄，彷彿那條路通往的是美麗的綠原，而不是幽邃的山谷。

寫這篇文章的用意很簡單，我不想撻伐，沒什麼好高聲叫罵的，但我也不想沉默，讓錯的事情變成是對的。假如我覺得在這個行業工作還有什麼價值的話，那是因為基於對知識的尊重，無論將來它以何種載體出現在消費者面前，都不會改變我對於知識無價，不可輕賤的態度，這個態度，應該不只是展現在如何賺錢、如何經營自己商品的行銷上面，它還包括對整個產業鏈的尊重，從創作者、製造商（出版社）、發行商、零售通路，到消費者身上。

很久以前，一位跟我們一起工作的同事，收入當然也不比我們高多少，但她從頭到腳的品味與精緻，讓我們望塵莫及，她曾經講一句話讓我印象深刻：要買一件衣服，不用等到打折再買。

我同意殺價是一種樂趣，但我想有件事情不會有太大的改變：便宜貨就是便宜貨，一本好書被殺到三折作者不會感到快樂只會覺得憂傷，一本爛書也不會因為殺到三折而更值得你買。

本質這件事情，來自於你用什麼樣的態度對待一件值得你收藏入手的創作，它需要你用心，而不是用荷包去衡量。

對於折扣戰，我們選擇不加入，如果你的發書折扣低於合理利潤，請不用浪費你的運費跟人力，直接略過我們，我們絕對不會因此而懷恨，也祝福你們的書籍因為這樣的折扣而大賣。

如果你願意養一間願意為你照顧好品質優良出版品的書店，請你加入我們的行列。意者Email我們：smallidea2006@gmail.com。

謝謝你看完這篇聲明文。

第四篇

假裝活在一個美好的時代——東部、南部偏遠地區書店走訪錄[1]

二〇一〇年七月十二日

前言：為了能夠將，這一路，為何我們在自己如此困難經營的情況下，還將精力放在反折扣戰的種種前因說出，在「七月十七日（週六）反折扣戰研討會」[2]之前，我會陸續將一些文章寫出。或許無法客觀，但是這確實是這四年的營運以來，對於整個台灣因為折扣所致，整體出版傾向以及產業消耗問題的一個反擊，或許，也是最後的背水一戰。若你願意了解更多，請報名七月十七日的研討會，或者加入我們的義工。

二〇〇九年春天，我把書店工作丟給兩個可憐的工作夥伴，往東部前行，開始為期九天的環島之旅。跟我內在緩慢步調

註1 劉虹風，〈假裝活在一個美好的時代——東部、南部偏遠地區書店走訪錄〉，小小書房部落格，二〇一〇年七月十二日，http://blog.roodo.com/smallidea/archives/12976065.html。

一致的鐵馬環島，不僅慢，而且還經常因為閒晃拖延，騎到入夜。每天騎那麼幾十公里，進入小村小鎮也不急著通過。對騎腳踏車環島旅行的人來說，絕大部分的人有個想要挑戰的天數、預設抵達的目標，而我的期望是，用我能夠的，最慢的步伐，沿著東部蜿蜒或筆直的海岸線，能夠抵達的各村各鎮裡，尋找那些不知道藏在哪裡的、不知道存不存在的書店。

註2 相關「反折扣戰研討會」訊息請參見本書附錄：〈假裝活在一個美好的時代：從一本書的推薦稿談起〉，註2，頁245。

東部每個村鎮，當然都有住人。書店，也如我們事先臆想，少得可憐。然而，「東部」，畢竟只是一個相對於「西部」一詞，毫無個性、充滿西部觀點浪漫想像的稱呼。當我騎過一個又一個的小村鎮，村落之間的距離以里計算，要越過好多好多的村落，才會進入大鎮，大鎮裡，才會有書店。這些書店，文具禮品用品占掉一半以上，書呢？我想任何一個慣於在台北城裡，隨意進入任何一間連鎖書店買書的人，都會對這些在偏遠鄉區的書店架上的書，如此稀少、更新緩慢而心有所感。

那幾天，我們繞過玉里，一個據說有二～三間中型書店的大鎮，往南直趨。夜晚抵達池上，池上大雨。深夜從旅店步行，沿著小巧的街道撐著雨傘，買完鹹酥雞回頭的途中，瞥見一間小小的書店「池上書店」。店內應是家庭式的經營，男主人在電視機前的小桌子上網，女主人在櫃檯後面跟小朋友說話。推門進入，發現店內雖小，卻有一整櫃絕版已久的洪範、大地、爾雅的書。詢問為何店內還有這些書籍，女主人說，這間店是她公公留下來的，本來打算要收了，後來他們一家決定從台北搬回池上經營。這些書，是後來經銷商倒閉，他們不知道可以退回給誰，就一直留在店裡。而她也說，東部的經銷商經營也很困難，現存的也都快要倒閉了，所以他們也不好要求什麼。

好做嗎，書店？我問。她苦笑了笑：「公公當年，一間書店可以養活一家子六口人，現在，連他們三口都養不活了」，因此，她還兼賣D&B的花茶，是D&B在東部的零售推廣商。

好賣嗎？我問。她說，有機茶在東部價位太高，她是自己喜歡喝，所以就想經營看看。指了指屋外閒置的小吧檯，又說，近年騎腳踏車的人、觀光客比較多，她想在外面弄幾張桌子，賣這些茶。

買幾本書，步出池上書店。風雨伴著淚水，在眼角打轉，喉頭哽咽，腦海裡浮現書店角落的書架，插放著好多好多童書，她說，自己也有小朋友，希望能讓他們多看一點繪本，然而，那並不是好賣、能賺錢的書。

再往南，進入台東，在更生路上修車時，經過一間很大的書店，叫三省堂。三省堂讓我驚異的是它的選書相當不俗，無論是新書或者庫存書，都有很好的質量，以它的選書來說，就連台東故事館的誠品，都遠遠不及。而它讓我更吃驚的，是它幾乎只賣新書，沒有二手書，連其他用品或者文具商品都很稀少。有兩層樓的三省堂，只有開放一樓營業，二樓做倉庫。問有沒有想要整理二樓作為活動空間，女主人略帶疲憊的說，人力不足的他們，光經營書店就很累了，根本不敢想其他的。三省堂是她跟前一個老闆頂下來做的，現在很難經營。

一邊整理店內陳設的書籍，一邊說，店裡就她跟另一個工讀生兩個人，有時顧店根本走不開，中飯有時也只能延後吃。做這行，收，不捨，但繼續開，又不知道能做多久，臉龐眼底，盡是無奈。

屏東市區，是我們一路往南書店最多的大城。沿著火車站邊就有好幾間。然而，叢書區已經縮到極小，一間老字號屏東書城的老闆指著「暢銷書全面八折」的書說，那些都是「賠錢貨」，賣高普考、參考用書比較穩。問，誠品或網路書店對他們有什麼影響嗎？老闆說，誠品還好，主要是附近有間書店折扣極低，影響比較大。問書店名稱，撇過頭不答，只說公園路附近，大概以為我們是尋便宜貨的淘書客，瞬時冷淡下來。公園路，就手邊資料只有一間書店，沿著彎曲狹小的路尋找，很快就看到：博克書局。門口擺放許多便宜的童書、幼幼書，店內新書、清倉庫存書各半，類型頗齊，一進門非會員八折～八五折，會員價格還能更低，跟台北水準、政大書城極為相似，店內往來的讀者絡繹不絕。至於老闆為何會有實力這樣低折扣賣書，就不是我們問得出來的了。

從屏東開始往北，進入台南縣，在學甲待了一晚，繞了幾條馬路，不是賣漫畫的，就是賣漫畫的。無望中走進一間看來是賣國高中參考書的店，兼賣一些文具用品，靠櫃檯旁竟然有兩橫排的絕版書，其中還有三三書坊的書，拿了之中幾本問年紀已大的女老闆，她瞥了我手上的書一眼，沒回我價格，反而說，啊那些都是很好的書啊，以前賣很多。「後來怎麼不賣了呢？」眼睛看著電視，說，「啊因為現在的年輕人都不看這種書了」，沉默幾秒，「可惜啦但也沒辦法」她又補了一句。「賣教科書比較好賺嗎？」「嘿啊嘿啊，我們學甲的父母喜歡栽培年輕人啦，教科書賣得好，文具用品也不錯。」「退休之後呢，孩子要接書店嗎？」「哎呦，他們對這個哪有興趣啊，都不看這些書了啦。」步出書店，想，還有幾年呢？像這樣，年輕的一代不接手，退休之後就收店的小書店，全台灣會有多少呢？

這些我們一一走訪過的小書店，都有幾個特點：要不是老一輩的已經退休，交給第二代或者有心頂下來的人經營，不然就是等退休之後收店不做，新的書店未見有在這些區域開張的跡象。另外，他們都跟區域經銷商進書，跟出版社直接往來是無法想像的事。跟小書店老闆談到他們書店進書進折過高的問題（普遍是七三稅外），或者因為書展折扣利潤折損的問題（賣七九折，進六五稅外）時，他們表示，都只能接受經銷商的條件，要跟出版社反應或者談些什麼條件，聽都沒聽過。

一路沿著東部往南，再從西部往北走訪直到嘉義，加上在台北時，曾經對一些小書店有零星的側面了解，閱讀人口流失的問題、進書鋪書的問題、折扣的問題，烏雲般地壓在心頭。

小書店的消失，真的是時代所趨嗎？書店，難道對我們來說，亦適用「適者生存」的演化理論嗎？適者生存之下的演化結果，若只剩下連鎖書店、網路書店、大賣場、超商，那麼這樣的書店時代，真的是我們想要的嗎？

我沒有答案，也不知道可以跟誰探問解答。面對自己的存亡亦是岌岌可危的窘境，我關切嗎？或許，面對這一路經營下來的疲倦、無力與孤單，日益「消瘦」的營收，無法給工作夥伴合理的薪資報酬與美好生活的愧疚，我所感受到的是時時刻刻想著是否該放棄，是否不應該再高談理想、堅持，或與環境妥協、與生活妥協的那種煎熬與搖擺。

我夠堅定嗎？若不是那些還一直在線上奮鬥的人們，我還能因著我曾經眼見的美好，堅持下去嗎？

第五篇

假裝活在一個美好的時代：從一本書的推薦稿談起[1]

二〇一〇年七月十四日

這一篇稿子，是應聯經出版《愛上便宜貨：求折扣的代價》所寫的推薦文。雖然是為書所寫，但是會在「反折扣戰研討會」籌備緊鑼密鼓之時，接下這份稿件，是源自於自己這些年來，對於折扣惡性競爭的一些想法，深有所感。在一路走訪出版社、經銷商，面對許多出版業前輩的同時，我一再提出，折扣惡性競爭，為整個產業所帶來的嚴重後果，並非是利潤的折損，而是產業裡頭分層的工作者的創意消耗，無論是編輯、企劃、行銷、業務，無一不是為了「因應」越形困難的出版環境，從使出渾身解數到無力可使。文化產業需要創意，需要長年深耕。這本書的作者所提到的，連鎖零售商對於上游通路的壓迫、對於製造商的壓迫，對於產業創造力

註1 劉虹風，〈假裝活在一個美好的時代：從一本書的推薦稿談起〉，小小書房部落格，二〇一〇年七月十四日，http://blog.roodo.com/smallidea/archives/12996499.html。

的殺傷力，有極好的思索與案例。「七月十七日（週六）反折扣戰研討會報名的最後催逼，請你一同參與！」[2]如果你認同、支持這個議題，也懇請加入連署！

可以想像有這樣的生活：每天吃的鮮果蔬菜，肉食、海鮮，來自無毒、有機的在地產地；一群人，有些人種菜下田，有些人忙碌地將這些美好的蔬果，分送至各個社區。這些食物，不坐飛機，也不會繞行地球數圈；不用農藥，也不會為了讓它快速生長或者延長食用期限，施打添加任何傷害土地、亦即傷害身體的成分。每日桌上餐餚，產地來源清楚，如果你願意，你還能知道，他們面對自己所生產的食物的故事、態度與堅持。

科技改變了人們的生活，也改變了我們對於生活的態度。然而，對於這樣的改變，我們是欣然接受，或者是「不得不如

註2 劉虹風，〈「折扣戰烽火連天，誰倖存？」——反折扣戰&推動圖書統一定價制研討會〉，小小書房部落格，二〇一〇年七月八日，http://blog.roodo.com/smallidea/archives/12797677.html。

此」，甚少有人能夠理性思考，遑論面對。確實，有那麼一群人，理解到這個現實：對於所有商品的來源，無論是吃下肚的、買來用的、玩的、生活必需的，我們都已經無法確保那樣商品的品質。因此，他們選擇了一種，一般人們看來會是不可思議且艱辛的生活：親手或者募集一群有志一同的人栽種、養殖、製造生活所需，拒絕血汗商品（其中來自中國以及開發中國家的為多），不吃不用進口貨，不使用傷害土地、環境的商品，面對廉價折扣商品毫不動心。

為此，這樣的人們，將不會走進麥當勞、肯德雞、超商、大型賣場、COSTCO；也不會買三雙一〇〇元的襪子，兩件三九九的衣服；不會去一〇元商店，也不會到處尋找折扣商品。

我很難想像自己能過這樣的生活，我想大部分的人也是。因為，上述的消費習性，已經深入我們的生活縫隙，無所不在。

倘若說，「比價」是消費者必備的「技能」，那麼「折扣」則已經成為消費性場所、商人必備的「手段」。「天天都便宜」、「買貴通報」、「我發誓我最便宜」的宣傳語句人們朗朗上口；「貨比三家不吃虧」，現今的實質意涵是：哪家價格比較低，消費者才不吃虧。百貨商場一年到頭的折扣季，各類商場新品上市不到一季就立刻下殺，改型包裝再推出依舊刺激不了消費，就直接清倉跳樓拍賣。為此，中、大型的「暢貨中心」應運而生，為的是要讓我們，一買再買。

《愛上便宜貨：追求折扣的代價》作者 Ellen Ruppel Shell 開始追溯這波折扣競爭的原因，跟我自己開始拒絕某些商品、消費行為的原由有點類似。她為了參加晚宴，必須搭配一雙長靴，價格考量下，她捨棄了昂貴的義大利靴子，選擇一雙由中國進口的。兩年後她發現，這雙靴子靜靜地躺在櫥櫃裡，跟許多她不再穿戴、甚或已經變形的衣物堆在一起。當初她所認為「十分划算的交易」，卻得來「一次拋」的後果。而我自己，則是在某個深夜下班回家，風雨淒冷的晚上，突然想吃炸雞，毫不猶豫地就走進了「i'm lovin' it」的麥當勞，帶回了也已淒冷、乾瘦並且花掉我一百多元的炸雞套餐之後，突然理解：對於麥當勞的幸福想像，並非來自我對於麥當勞食品的真正感受，而是被媒體廣告所引導。

許多年後，不再走進麥當勞、肯德雞的自己，經常會被以為是由於「理念」、「價值觀」導向，而選擇拒吃。然而我十分明白：除非你能夠意識，並且徹底明白，你選擇的生活並未讓你的生活更美好，你所追求的幸福，並非如自己所願地給自己帶來幸福，要不然，你沒有任何道理「必須」得改變。一顆疑惑的種子種下，有可能可以成樹結果。對於麥當勞的疑惑，讓我開始追溯麥當勞以及其他有關的議題，慢慢地，類似的拒購範疇開始擴張。

為了生活品質、或為了身體健康為由，選擇性地買或不買某些商品，一般的消費者或許還能夠支持、身體力行。然而，《愛上便宜貨：追求折扣的代價》此書所要談的，恐怕是更大規模、全球化趨勢下，加速惡化的折扣競爭，「每個人」所將付出的代價。這樣的代價包括：劣幣驅逐良幣，亦即，真正品質好的商品，可能因為不敵低價商品而逐漸退出市場；各個產業的創造力下降，這一點尤其是作者所極力抨擊的惡果。由於販售低價商品、強調不可思議地折扣優惠的商場，實際上利潤的折損並未自行吸收，而是轉嫁到成本：一端是壓迫供應商，另一端則是大量採用低廉的人力。此外，還包括跨國企業為了壓低成本，將環境、土地傷害轉嫁至未開發或開發中國家，為了跨國販售消耗驚人里程數及二氧化碳、大量製造低價傾銷的商品對當地產業的殺傷，更是無法回復。

消費者以為「賺到」的下殺折扣，真正的現實是：那是從這些商人以外的，每個在這個產業鏈上的人們（無論遠近）身上所「擠」出來的血汗錢。

而我們通常也容易忘記，我們自己，或者身邊的親朋好友，也在某些產業鏈裡，成為「被犧牲」的一群。沒有感覺嗎？那麼，最實際的例子可能是，每個人都可以稍微回想一下：上次加薪是什麼時候？「不景氣」、「大環境不好」是唯一可以拿來解釋的理由嗎？亦或者，我們自己的購買行為，決定了我們自己的薪資酬庸的幅度？

同樣的故事，我想也發生在現今的台灣書市。二〇〇六年七月，小小書房成立以來，面對台灣書市日益劇烈的折扣競爭，我們做了很多調整，將近四年來，也面臨很大的壓力。無論我們的選書有多好的風格、對於書的內容掌握有多深的專業，空間的營造有多麼的友善，都不能迴避多數讀者以「折扣價格」選擇購買，廠商以「進量」決定進貨成本所帶來的兩端壓力。

跟本書作者的預期相同，對於「產業創造力的消耗」，觀察台灣出版產業僅只十多年的自己，可說是感觸良多。

面對自身存亡，我們或許可以選擇「鳥獸分飛」，然而，面對作為台灣文化根本的「出版產業」，我們更擔憂的是，許多同樣在出版產業的朋友們，面對這個產業的創意、精力、能量，甚至理想，已經逐漸消耗。企劃、行銷人員思考的不是一本書的內容該如何行銷，而是哪個通路要打幾折、要哪些贈品、宣傳資源；業務做的不是去哪邊開拓商機，而是每天接通路端來的抱怨電話，誰拿到比較好的折扣進價、誰為什麼可以打到幾折，過了越來越短的新書銷售期之後，要想方設法拜託通路將大量的退書以多少折扣趕緊賣掉；本土創作者的版稅一步步被擠壓，出書類型的空間越見狹窄……而在如此越來越難發揮創意的產業裡，我所知道的，同樣也是讀者的出版業的朋友們，對於折扣書也是趨之若鶩，無法抵擋。

讀者呢？低價折扣書對你真的是「划算的、超值的交易」嗎？為了購滿六九九元可以抵扣幾十元，有人可以在上班時間，網上花掉六個小時選書，還無法結帳；為了一折的誘惑，要耗時費功地一頁頁翻看、尋覓那「命運裡的一本書」；為了湊滿五本七五折，你帶回了不需要、也不知道為什麼自己要買的其他書……

無數的時間，你可以拿來做其他「更重要的事」，看起來因為折扣而省下來的金錢，它們實際上被拿來購買更多你不見得需要的東西上。這些原本可以花在「更值得」的事物上的、有形無形的「資產」，就這樣被消耗掉了。你可曾疑惑過，在無盡地折扣下殺的世界裡，賺到的人究竟是誰呢？我只能說，當你深入這些低價競爭、產業裡折扣至上的一些背後環節，你將會明白：賺到的人，絕對不會是消費者，你。

而我總是疑惑：聰明的你，怎麼會不明白呢？

第六篇

99年圖書出版產業調查報告：獨立書店之生死、必要、存活與崛起條件[1]

二〇一一年十月

「獨立書店」——溢出定義的書店

事實上，現今經常被媒體、或者讀者、出版業界提及的「獨立書店」一詞，在產業的分類裡，並無這一項。以經銷商分類而言，「獨立書店」是屬於傳統書店一群；在諸多的圖書產業報告、研究裡，它或者被歸類到「單一書店」，或是「主題書店」、「專業書店」一塊；絕大多數的大眾，則幾乎無「獨立書店」樣貌、屬性的認知。

二〇〇四年出版的《臺灣書店地圖》裡，陸妍君將唐山、女

註1 劉虹風，〈獨立書店之生死、必要、存活與崛起條件〉，《99年圖書出版產業調查報告》，第十章專題探討：第六節，行政院新聞局，二〇一一年，http://mocfile.moc.gov.tw/mochistory/images/Yearbook/2010survey/catalog10-6.html。

書店、晶晶等歸入「主題書店」，將「獨立書店」定義為在地型獨立經營的書店，以社區居民為對象，與讀者之間有緊密的依存關係。出版前輩詹宏志先生，曾經在一篇媒體訪談中，認為獨立書店是：「相對於大書店、連鎖書店而言，獨立書店是以一種興趣為基準、獨立作業、不經過通路商[2]而自主進書運作的書店；更進一步的還會設立書店主軸，如旅遊、文學、歷史、簡體等各種主題為主的書店」[3]。

以陸妍君對於獨立書店的定義而言，顯然比較接近一般印象中的社區型傳統書店。這類書店曾經分布於台灣各大小鄉鎮[4]，他們絕大多數被動接受經銷商鋪書，跟出版社無直接接觸，並且視區域狀況兼營文具、玩具、影印、教科書等其他業務，在一般讀者記憶裡，純書店經營的傳統型書店很少見。而詹宏志先生的定義，反而比較接近前者所述之「主題書店」：書店主人具有某種特定的興趣，為書店經營確立特色與目標。

編按：本文相關註釋為新修版本，以便讀者參照閱讀本書。原註釋對照，請使用本註釋之QR Code或連結。

註2 本文為求統一，一律將該定義中的「通路商」統一為「經銷商」，以與書店亦為通路形貌之一作為區隔。

註3 詹宏志，〈跟著詹宏志感受獨立書店〉，自由時報，二〇〇九年二月二十一日，藝文版。

註4 根據新聞局《九十一年圖書出版產業調查研究報告》問

然而，無論是哪一種定義，在現行台灣出版通路環境與條件下，只要是以經營新書（非二手書）為主的書店，幾乎還是必須經過經銷商進書；完全獨立運作，不經過經銷商進書的獨立書店，現狀上比較接近專業進口書店、二手書店，或者出版社門市。不管是社區型的小書店，或者後來常被稱為獨立書店的主題書店，如「唐山書店」、「東海書苑」、「闊葉林書店」等，因為多數皆透過經銷商進書，以至於進貨成本高居不下，一旦出版產業結構有所變化，便容易受到衝擊。而這一點，即是後來「獨立書店聯盟」成立的主因之一（見文末說明）。

鄉鎮書店為何崩潰？

二〇〇九年，聯合報一篇〈書香不再／一二〇鄉鎮找不到一家書店〉[5]的報導，引起不少讀者熱烈討論與關注。隔年，

卷樣本，將一般書店與連鎖書店區分開來，一般書店合格條件的樣本數為一千九百七十三家，而至《九十七年圖書出版產業調查》，圖書行銷通路的問卷樣本數僅剩一千一百七十一家，扣除連鎖書店，傳統書店約一千~一千一百家左右。從九十一年到九十七年，圖書行銷通路的母體名單皆有增無減，這八年間，樣本數的減少，主要在於圖書銷售金額不達總營收百分之三十，或者停/歇業而被排除。

金石堂書店行銷總監盧郁佳於中國時報投書〈鄉鎮書店崩潰知識陸沉〉[6]，坦言陸續歇業、轉型，等同消逝的鄉鎮小型書店，對於台灣城鄉知識差距將造成何種劇烈影響：

「再窮的孩子，總准他店裡讀完整本放回去。但凡有志，書店總會培養他成材，成為詹宏志、南方朔。網路書店則不可能如此。當年沒錢買書的孩子們，在書店裡站出了富貴前程，貧富不再世襲；然而今日，出身寒門的新富當家，卻讓小鎮貧童再無緣做詹宏志，除卻課本，不知有書，無論智識。鄉鎮書店一死，脫貧的指望也陪葬了。」

值得注意的是，身處於連鎖書店體系中的盧郁佳認為，網路書店無法取代這些鄉鎮書店既有的意義與功能。筆者曾於二〇〇九年探訪台灣東部、南部的小型書店蹤影，對於鄉鎮書店急遽消失的速度感到憂心，所訪問的絕大多數人，都同意書店的存在，對於地區的文化影響是正面的，網路無法取代

註5 地方中心記者報導，聯合報，二〇〇九年十二月二十八日。

註6 盧郁佳，中國時報，二〇一〇年十一月二十三日。

書店的存在。因此，還苦撐經營的一些書店，多是抱持著對於文化傳遞的情感，然而益難經營的困境，對於未來並無期待，「做這行，收，不捨，但繼續開，又不知道能做多久」[7]，台東三省堂的女主人無奈表示。位於更生路上的三省堂是承租的，因此租金的壓力，使得她亦無法有多餘財力僱請人力。

此外，探訪自有店面的小型書店，如位於屏東的屏東書店，地點在火車站精華商圈，書店一樓店面，過往整層樓面販售一般叢書，到僅剩店面前半部。被屏東書店店主稱之為「賠錢貨」的一般圖書，秀面的本本幾乎都貼著七九折，但是銷售卻不見得好。店主已經是第二代經營，亦也屆退休之齡，「退休之後就收起來了吧，小孩子對經營書店沒有興趣」[8]。三省堂，或屏東書店的例子，正是鄉鎮小型書店所面臨處境之縮影。截至二○○八年，小型書店自有店面比例，已經從二○○二年百分之四十八，下滑至二○○四年百分之四十，

註7 詳文請參見本書附錄：〈假裝活在一個美好的時代——東部、南部偏遠地區書店走訪錄〉，頁234-242。

註8 二○○九年三月，筆者訪談。

迄今，應該占有兩成不到的比例[9]。「公公當年，一間書店可以養活一家子六口人，現在，連他們三口都養不活了」[10]，跟隨先生回台東經營池上書店的女主人，道出書業這一行，已經不再是能夠養家活口的產業。

導致鄉鎮書店崩潰的因素，究竟是什麼？我想，這些因素，或許可以從在產業歸類裡，亦被劃入單一書店的若干「主題書店」，或是現今常被稱為「獨立書店」所面臨的困境，窺知一、二。

註9 根據《九十一年圖書出版產業調查研究報告》至《九十七年圖書出版產業調查》自有店面與租賃店面比例數據。

註10 同註7。

獨立書店的困境為何？

一九八三年金石堂成立，被視為連鎖書店的起點，隔年，位於台北公館的唐山書店則從出版起家，現今成為「獨立書店」的指標與人文思潮堡壘。在這三十年間，台灣書店已歷經多次變革：從重慶書街風華沒落、連鎖書店崛起、誠品加入引發閱讀時尚，到二〇一〇年博客來網路書店營收達四十億，傲視所有實體圖書通路……在書業變化的這些歷程裡，位於台北公館，擁有現今最多「獨立書店」聚集，被稱為「溫羅汀」的主題書店群，則因應不同的時代議題、潮流而一一成立。除了唐山書店之外，亦有「女書店」、「晶晶書庫」、「台灣e店（Taiuan-e-tiam）」，以進口書起家跨足出版、通路的「書林書店」等，為數眾多的出版門市書店、以及簡體字書店……等等。這些書店的樣貌多元繁複，是暨重慶南路書街之後，令愛書人駐足流連的書店聚落。

然而，這些最久經營超過三十年的主題書店，多數都面臨營運危機，被迫歇業或有必須轉型的壓力。這些特色書店所面臨的困境，與圖書產業的變化緊密相連；相較於更為被動的區域型傳統單一書店，如唐山這樣的主題書店，還能於現今惡劣的出版環境下存活，亦有其應變之道。然而，倘若出版環境持續惡化，這些書店的消逝也在預期之內，無法避免。

一、網路衝擊

唐山書店的負責人陳隆昊先生提及，唐山成立的背景[11]，源於解嚴前後，知識青年對於新知的渴望與不滿，從出版、翻印西方人文思潮書籍，到成立書店門市，一九九六年左右營業額達到高峰，這十多年間，是唐山書店的精華歲月。一九九六年，博客來網路書店成立，彼時還不成氣候，「然而網路的影響，的確從那一年開始發酵，自此，書店營收就年年階梯式的衰退，沒有爬升過。」[12]

以網路為主體經營的網路書店對於獨立書店的影響，以成立於一九九五年的台中東海書苑為例，則是以發生於二〇〇二年，博客來與統一超商結盟，開始超商取貨服務為起點。「那一年開始，書店營收大約減少百分之四十，之後就年年衰

註11 一九八二年於公館國立臺灣大學側門成立唐山出版社，一年後成立書店門市。

註12 二〇一一年八月，筆者訪談唐山書店負責人陳隆昊先生。

退，沒有爬升過。」[13]

回顧出版產業調查紀錄，不難發現，二〇〇二年是整體書業產生裂變的開始：外部經濟環境不景氣，股市低迷，失業率攀升，納莉風災造成北部一百三十家書店深受波及，老字號出版兼通路、門市新學友因而跳票倒閉，連鎖書店營收大幅度衰退，網路在這一年大量泡沫化，其中，體質尚未穩健的博客來亦受嚴重衝擊，因而，及時與統一超商的結盟，不僅使它順利度過這一年的書業危機，亦可說是後來得以威脅實體書店存在的關鍵因素之一。

網際網路從一九九五年開始，持續快速地改變人們的溝通模式、訊息接收模式、生活習慣、閱讀行為、消費模式。因應這樣的改變，不停進化自身服務模式的網路書店，到二〇一〇年成為網路書店龍頭的博客來，能夠上達四十億的營收，

註13 二〇一一年八月，筆者訪談東海書苑負責人廖英良先生。

可謂水到渠成。然而，已然作為強勢通路的博客來，與另外兩家實體書店誠品，金石堂之間的傾軋，以折扣戰作為武器，卻也使得原先已經受到網路影響，因而銷售持續下滑的小型書店情勢，更為變本加厲地嚴峻。

二、經銷通路環節障礙

1 經銷往來門檻高，書店訂貨困難

無論是以社區，或者以社群為經營基模的小型書店，絕大多數都是透過經銷商進書，亦有部分與出版社直接往來。通過經銷商往來好處是鋪書快速，缺點是進貨折扣居高不下。一個產業上中下游的關係，理論上是魚幫水，水幫魚；而一個體質良好的產業，上、中游對於下游零售商，應有的態度是協助、盡可能地滿足供貨需求。然而，這兩個標準，放在現行出版產業的環節下檢視，都是不合格的。供應商不僅對於零售商的需求無法滿足，在態度上，也顯得強硬。

嘉義洪雅書房曾經坦言，要去跟區域經銷商拿書，「簡直就是去被侮辱的」[14]。遺憾的是，此種情況並非僅會發生在台北地區以外。位於淡水的「有河book」書店，曾經因為規模太小，地區偏遠，被經銷商告知書籍無法送達而拒絕往來；而筆者所經營的書店，永和小小書房，亦有往來經銷商，因為月結金額過小，因而從月結往來，轉而被迫買斷。主動訂貨，不接受配書的小型書店，因為訂貨量、或者月結金額不達經銷商所設定的上限，被迫買斷進書的情況，是極為常見的。

買斷書籍的要求，常態見於特殊發行的書籍、特殊進口書、或者沒有正常往來的上游供應商，亦即出版社、進口商。尤其以小規模的出版社而言，由於人力少、發書量低，為了維繫書籍供貨的成本，要求買斷進貨乃在能被接受的範圍。而對小型書店通路而言，上述的買斷要求，亦認為合理，且此

註14 二〇一〇年，「集書人文化—獨立書店聯盟」曾經居中透過總經銷，亦直接聯繫區域經銷商，協調區域書店與經銷商之間的供貨問題，區域經銷商的往來條件強硬，並且幾度表示，零售商的營業時間無法配合。其間，嘉義洪雅書房店主余國信憤怒地表示，這已經是多年來的問題，不是他們不願意跟經銷商合作，而是對方姿態太高，坦言「要幫對方賣書，變得像是要求他，簡直就是去被侮辱的」。

類需求的圖書，通常發生在客訂書，得以要求顧客端預付訂金或者付款之後，才向上游供應商訂貨。

然而，當買斷進貨的要求，出現在一般圖書，而非特殊圖書，發生在一般往來的經銷商，而不是非正常往來的出版社時，自然會嚴重影響書籍的流通速度。亦即，倘若經銷商皆因月結金額過小，要求買斷進貨的話，零售書店亦會變成僅在服務客訂需求之時，才向經銷商詢貨。此種往來的條件被經銷商視為必要的話，他們經銷的書籍，尤其是新書而言，流通速度將減緩，在此類主動訂貨的書店裡無法上架，更不可能被一般讀者發現。

台中東海書苑與闊葉林書店，皆有透過經銷往來與直接與出版社往來兩種情況。通常，與出版社往來進貨折扣雖然較低，卻必須達到一定的累積數量或金額，出版社才能出貨。

當營收銳減，訂貨無法在短期間滿足之時，便只能轉而向經銷商下訂。此外，亦會出現原本與出版社直接往來，卻因為出版社經營策略改變，而迫使書店必須以更高的進貨折扣與經銷商往來。

更極端的狀況，如東部花蓮凱風卡瑪書店，或者嘉義洪雅書房，訂不到若干出版社的書籍，是很自然的事情。

2 新書上市甫缺書狀況日趨嚴重

多數以主題經營的特色書店，皆有主動採購的能力，然而，與之往來的經銷商，慣習配書、塞書的業務模式，屢屢也使得合作上產生摩擦。以小小書房所曾經遭遇的狀況，中盤商所發的新書，甫上市便告知缺書，屢次溝通，方告知因為敝書店不接受配書，訂貨部門與配貨單位主管不同業務的情況下，新書一到便全數配出，以至於新書缺貨的狀況層出不窮，迄今無法有效解決。

過往，經銷商新書缺書的狀況並不常見。比較常發生在出版已有若干年，鮮少在書市流通，因而經銷商無庫存需調書的狀況。縱然此類書籍，透過經銷商向出版社調書亦不積極，並且經常出現，書店已先跟出版社確認有庫存，鑒於雙方往來乃是透過經銷商，因此必須透過經銷商下單，然而後者卻告知無書的羅生門事件。

雖然沒有直接的調查或數據支持，然而在二〇〇九年底，誠品大規模轉寄售制之前，新書缺書的狀況，較常會發生在三大通路因為搶「獨家」，因此談定新書獨賣，導致其他通路一個月以內，皆無法訂到此書的狀況。「獨家首賣」的狀況在大通路，從特例，變成慣例，然後，逐漸地，一般新書缺書亦從偶爾發生，到現今成為常態。以敝書店的範例而言，每個月花在追蹤新書到貨的時間，這半年至少增加一倍以上。而經銷商的回覆一律是：「都鋪出去了」，或「出版社加印，要過陣子才會有書」。平均下來，缺書的新書，通常都要等到上市之後三個星期到一個月，才能訂到。

台灣將近八成五的出版社，皆集中在大台北地區，在台北市亦占總比六成，而無論是單一書店或者連鎖書店，坐落於台北市的有兩成多。每年出版量達四萬多冊的新書，倘若連台北地區偏遠地帶，都會有鋪書困難的狀況，更不要說台北地區以外會遭遇何種狀況。

經銷通路發書環節順暢與否，牽涉到一家意願正常營業的書店，是否能夠滿足顧客對於書籍的需求，書店並且能夠透過銷售，獲取相對合理的利潤。然而，現行經銷商與小型書店之間的往來，不僅限制條件多、合作門檻高，進貨折扣強硬，甚至會出現區域經銷商倒閉，書店退書無門的狀況[15]。

台灣出版業發展迄今，經銷通路環節的問題普遍存在，改善經銷通路發書環節的問題，不僅能夠讓現行與書店之間的往來更為順暢，也有利於未來新開立的書店，能夠擁有更好的環境條件支持，降低門檻加入這個產業。

三、折扣戰加遽惡化營運

1 新書折扣戰全面啟動

通路折扣競爭的確切起點，眾說紛紜。然而對於零售通路自行吸收折扣，打折以服務讀者，這在通路是行之有年的慣例。與現今大規模的折扣競爭不同的是，慣例下的通路折扣，是以零星、偶發，並且主動篩檢、判定是否需要提供折扣，主動權由零售商自行決定。亦即，書封上不標示折扣售

註15 台東池上書店女主人曾經表示，架上還留有的若干書籍，是因為區域經銷商倒閉，無法退書所致。相關內容、出處資訊請參見本文註7。

價，而是透過客人主動詢問決定，被視為社區書店與顧客間建立情感、交流的一種優勢。而現今，幾乎沒有任何一家經營一般叢書的零售書店會認為，不打折，書可以賣得出去，每本書上面貼著醒目亮眼的折扣標籤，以吸引顧客注意。

一般小型書店，至今已經失去對於折扣條件的掌握權力，他們無法拒絕經銷商所提的折扣書展，因為不打折，書就賣不出去，然而，零售價標七九折，書店的進貨折扣卻不見得低，平均毛利長期打下來，僅剩百分之十五～十八之間。筆者曾經詢問位於被稱為「割喉區」的公館溫羅汀唐山書店，倘若周邊書店不打折的話，他是否會以降價折扣，吸引客人？「書的利潤已經夠少了，誰會願意犧牲已經微薄的利潤啊？實在是逼不得已，不打折，你連來逛書店的客人都沒有！」[16]

許多出版觀察家、出版商，或者讀者認為，一家書店倘若能

註16 二〇一〇年初，筆者訪談唐山書店負責人陳隆昊先生。

夠確立自身特色，經營特色書種，並且吸引特定讀者支持，便能夠永續經營。能夠支持這個論點而存在的獨立書店，是指非以經營台灣所出版的一般叢書，而以進口書、自製出版品的主題書店，或者二手書店而言。

經營一般圖書的小型書店，它的存活條件與書業緊密連繫，同一本書，可以在每一家書店上架，不可能鄰近的A書店打折，B書店可以原價或者以更高的價格售出，即便有這樣的狀況，也只是偶爾發生，而非常態。亦即，當書業通路以折扣競爭吸引顧客之時，會吸引來的，在意折扣條件的顧客，會遠遠多過於不介意的讀者。折扣戰所造成的嚴重影響在於，越來越多的讀者已有「不打折，不買書」、「比價買書」的消費常態。書店現今已無「不打折」的環境條件，不打折，意味著拒絕顧客，打折，又等同慢性自殺，進退兩難。

隨著網路消費購物的習性、模式逐漸成熟，網路書店動輒以各式各樣的折扣模式、積點回饋等商業行銷手法，吸引、刺激讀者消費，使得折扣競爭逐漸趨於惡化，三大通路幾近全面啟動折扣活動，使得小型書店幾乎沒有立足之地，尤其以新書一上市就七九折的情況，最為嚴重。位於清華大學園區的水木書苑蘇至弘先生提到，「新書現在幾乎賣不動，全部通路都賣七九折，你怎麼可能賣得動？」[17]同樣的狀況亦出現在其他書店，無論是唐山書店、台中東海書苑、闊葉林，皆是如此。

惡性折扣競爭的問題，已然成為出版產業無法自律、面對的「惡瘤」。層層環節影響所及，近端的影響在於削弱，甚至耗竭整體文化創意的人力、資源；而更深遠的影響在於，一個社會對於文化商品的價值認定，已經完全交由商業競爭下的價格決定之時，對於整體社會，等同於文化悲歌。

註17 二〇一一年八月，筆者訪談水木書苑負責人蘇至弘先生。

2長銷書種折扣清倉晒書頻繁

新書折扣如此，而長銷書的銷售，亦未能逃過一劫。二〇〇八年，中山地下街開始持續性地晒書清倉的特賣會，之後，大大小小的晒書節在書街輪番上陣，令讀者趨之若鶩。此類清倉庫書裡，不乏主題書店視之為長銷書種的圖書，因而，連帶使得這些小型書店的長銷書銷售下滑。一位低調不願意具名的書店老闆甚至無奈表示，地下書街清倉的折扣，還遠遠低於書店的進貨折扣，迫於情勢，他還得偷偷摸摸到地下街，特地去挑一些品項還不錯的清倉書回去當新書賣。

長銷書的折扣戰，並非是由如中山地下街這樣的實體販售點開打，使得一般長銷圖書銷售更趨惡化的因素，主要是由出版社網站所自行販售的低價圖書全面引爆。姑且不論一般產業，上中下游謹守本分，上游供貨，中游鋪點，下游販售乃為行業共識，上、中游搶著與下游做生意，甚至以更低的價格販售商品，是遠不能想像的事。而現今，後者卻已是出版業常態。

出版社過去的低價供書，僅限於政府圖書標案限制，或者學校、特殊通路之大宗訂書，由出版社自行掌握，一般讀者則交由經銷商、書店販售。然而，現今出版社長年透過自有網路書店，折扣下殺，由倉庫直接出貨的普遍狀況，顯露出版社因為種種內部、外部的環境擠壓，必須透過各式各樣能夠販售書籍的管道，以舒緩庫存壓力。

業界行規，或者共識，已經蕩然無存。

折扣競爭至此鋪天蓋地，強勢通路甚至有能力干涉出版售價、書籍型態、行銷模式、折扣條件的情況下，出版社因應之道，亦即「不能說的祕密」是調高售價。然而，調高售價再打折的結果，使得新書一過折扣期就乏人問津，生命期快速萎縮，只能等到清倉庫存再折扣，才有機會被一般讀者青睞。如此循環的出版產業現狀，不是只有所謂的「出版社自食惡果」，而是所有沒有條件、或不願意加入這場慢性自殺遊戲戰的書店，一起承擔這個結果[18]。

總結　獨立書店之必要、存活與崛起的可能

一、為什麼我們需要獨立書店？

許多人都能夠同意，書店能夠鮮明地標誌出一個城市、地區的文化，什麼樣的城市，就有什麼樣的書店風景。過去，台灣多個城市、鄉鎮，不乏有書街聚集，各式各樣的書店林立，吸引愛書人目光，瀏覽駐足。透過書店，能夠傳遞的不只是短促的訊息，而是代表著一個國家文化、文明、知識的累積與進程。實體書店逐一消逝，並非是因為「時勢所趨」，而是更大層面產業結構性問題，以及人民、政府對於文化性商

註18　詳文請參見本書附錄：〈玩不起的自殺遊戲，我們選擇繞道而行〉，頁226-233。

品，不應交與商業競爭淘汰選擇的立場，過於模糊所導致。

傳統社區型書店，因為對於自身所經營的書種，向來交與經銷商決定，經營風格無特殊樣貌，而是以地區人情往來聯繫社區情感；此外，在輔助業務項目上，也未必能夠強化書籍的銷售，諸如舉辦各式各樣的推廣活動、自製出版品等；因而，這類型的書店，一旦售價不能與其他各類型的書店競爭，便很容易失去購書客群的支持，轉向價格更為優惠的書店購買。

然而，在整個圖書產業環境條件下，以經營特色書種、帶有自身經營風格色彩的獨立書店，並未取得比傳統型書店更為優勢的營運條件，以持續地吸引讀者群的支持。縱然如唐山書店具有三十年的歷史，坐落於台灣最高等學府園區，擁有傲視全台的閱讀人口群、購書群，對於人文知識的推廣傳遞不遺餘力，依舊無法忽視營業額逐年下滑的事實。

獨立書店與傳統型社區書店不同之處在於，多數這類型的書店主人，都專精於某一範疇的書種，一家書店等於是透過書架、選書，詮釋這些出版品，為讀者勾勒出此領域豐富的知識圖像。走進每一家獨立書店，讀者都能夠鮮明地感受到，它們的樣貌無法複製，每一間書店皆有其不可取代、摹仿的風格，並且，這些並非只是把書當作一般消費商品，而是一間間特殊的、將書視為具有文化價值的書店，力圖透過層層疊疊的書架，透過書，召喚讀者進入、探索，因而能夠讓讀者即刻產生知識震蕩。[19]

獨立書店的消逝，將是一個社會無比的損失。大雁基地董事長蘇拾平先生，以及貓頭鷹出版社的總編陳穎青，曾經在一次的訪談表示，在資訊爆炸的時代，這些具有選書能力的書店，他們對書所負有的專業知識，即是在未來的書業環境裡，最為重要的利基點。遺憾的是，在種種不良的產業結構，以

註19 劉虹風，〈反折扣戰，為誰而戰？〉，小小書房部落格，二〇一一年一月二十日，http://blog.roodo.com/smallidea/archives/14974195.html。

及折扣競爭所帶來的劇烈壓迫，這些書店，是否能夠在全球實體書店消逝的狂潮下倖存，命運未卜。

二、獨立書店存活與崛起的條件

因而，檢視小型書店到獨立書店所面臨的困境，與數家獨立書店老闆訪談之後的結果，筆者認為，若要減緩甚至有效增加未來獨立書店數量，有三個層面必須具備或改善：通過政府補助、改善圖書產業內部結構，以及獨立書店間之串聯。

1 政府補助

◎租金補助，或政府藝文替代空間釋放低價承租：

多數現存的獨立書店，對於己身經營的社區、社群，皆有深厚的經營，除非逼臨底限、或被迫搬遷，否則一致傾向於就地經營。這些書店多半位於擁有足夠閱讀人口、經濟條件達到一定水平的地區經營，然而，這些地區近年房市飆漲，因而租金連帶可能隨之調漲。再者，折扣戰所帶來的利潤減損、購書人口減少，營業額持續下滑，過往尚能給付的租金條件，現今日益吃力。

然而，直接針對租金或人事補助政策，要如何制定，東海書苑負責人廖英良先生表示：「假如政府的認定上，書店永遠只是『營利單位』，那麼任何的直接補助都是不可能的。然而，對於『文化創意產業』這一項，卻有各式各樣的補助方式、政策制定。政府對於書店的事業分類認定，必須有所調整與改變，類似的補助或政策扶持，才有可能。」[20]

除了租金補助之外，以台北市為例，藝文團體曾經推動政府釋出閒置空間，低價承租給藝文團體，作為展演、辦公之用，以扶助藝文團體的實質發展而有所成效。而在地方政府上，如誠品「台東故事館」，是以標案承包；然而，有志於投入

註20 同註13。

書店經營的人才，缺乏相對的財力、人力，以通過競標模式，取得空間。

政府要能夠創造多元、不同風格的獨立書店，應當結合當地各式規模的閒置空間，以及各文化局處、社區營造單位，輔助、規劃、吸引有志投入書店經營的人才加入。

◎人事補助：

獨立書店一般都有人力緊縮的問題。然而，缺乏人力的投入，亦會限制書店開拓其他所需業務。

政府曾經於二〇〇九年開始，開放「大專畢業生至企業職場實習方案」給各個企業單位申請。多數獨立書店負責人表示，這個方案，不僅申請流程繁複、補助款下達時間不一，亦僅限於大學畢業生申請。與其耗費精力、時間，與學校單位周旋申請文件、核銷、問卷事宜，多數書店寧可精簡人力營運。因此，針對如人力已經不足的小型事業單位，要如何達到有效的補助與申請，政府應當改善申請與核銷流程的不便與繁複，補助更多不同年齡層的人才投入書業，才有實質的功用。

◎推動、補助書店與書商系統串聯：

絕大多數的獨立書店，都備有簡單的進銷存系統。然而，倘若能夠推動、補助各獨立書店之間，以及與經銷商間的系統串聯，不僅能夠有效掌握書店庫存、銷售，各書店亦能通過系統查詢彼此庫存，更細緻化地服務各地區讀者所需。

◎圖書業免稅：

為鼓勵與資助圖書產業發展，圖書免稅在一些國家已有先例：英國、加拿大、挪威、希臘、埃及、巴西、義大利、葡萄牙……等國。

◎購書抵稅：

二〇〇九年「文化創意產業發展法」草案，藝文消費抵稅受到財政部否決，改以發放藝文體驗卷的方式補助。然而體驗卷的補助，僅止於針對消費藝文活動上的幫助，對於以販售圖書為主的圖書產業，實質幫助不大。紅螞蟻圖書董事長李錫東先生、出版業人士，以及多位獨立書店負責人皆表示，支持藝文消費抵稅若能納含一般讀者購買圖書，對刺激讀者消費購書確為有效的政策[21]，期望政府政策能夠再重啟討論、考量納入。

◎活動補助：

多數獨立書店，皆會釋出部分場地以推廣藝文活動，以強化書籍銷售、社群連結。然而，藝文活動的費用支出，對於獨立書店而言，向來是沉痾的負擔。尤其藝文資源、創意人才、出版社皆集中於台北，台北以外的地區，要辦一場座談，講

註21 分別於二〇〇九年末，二〇一〇年初，二〇一一年八月，筆者訪談。

師費用、車馬費每位至少需支付四、五千元，越偏遠的地區，負擔越重。雖然目前有各個中央、地方文化部門、局處，可供申請藝文推廣補助費用，然而此類補助申請，屬社區營造一環，各地方非營利團體在這一塊官方資源的補助上，已嫌不足，要將資源分派到屬營利事業的獨立書店上，相當困難。若能在藝文補助政策的規劃上，將藝文活動費用補助納入，對於獨立書店以自身平臺，推廣藝文，有相當的幫助。

◎抑制惡性折扣戰：

數位浪潮下，讀者閱讀習慣、消費習慣的改變，再加上折扣戰傾軋、書籍定價節節攀升種種因素，已成為阻礙圖書產業發展、文化城鄉差距擴大之瘤。由於強勢通路已然成形，足以反噬、控制上游出版生態，產業早已無法透過自律達成書價平衡，因而，近年圖書產業內部呼籲政府制定圖書統一定價政策益發迫切[22]。

註22 劉虹風，〈「折扣戰烽火連天，誰倖存？」——反折扣戰&推動圖書統一定價制研討會〉，小小書房部落格，二〇一〇年七月八日，http://blog.roodo.com/smallidea/archives/12797677.html。

2 改善圖書產業內部結構

◎供書折扣過高：

經銷商或出版社供書折扣，給獨立書店的成本過高。多家獨立書店皆認為，倘若可以比照其給予連鎖書店的折扣供書，對於他們的直接幫助較大。縱然一些出版業人士認為，此點可納入「圖書統一定價制」中，如美國反托拉斯法即規定統一的進貨折扣，以抑止強勢通路反制產業，然而，政策制定需耗時數年，對於折扣戰火下，利潤日益緊縮的小型書店，緩不濟急。

◎經銷書商供書不齊：

台北市偏遠地區，以及台北區以外的書店，書商供書的速度跟齊全度都不足；或者因為訂書條件過高，營業額降低之後，造成供書遲滯的狀況日益嚴重，皆有待解決。

◎圖書產業工商名冊之建立：

要成立一家新書店，若無常年累積的出版業界背景，一般會不知道該如何聯繫書商，找誰供書，產業內部無任何專業的圖書產業名冊、聯繫窗口可供參考，通常只能找現存的書店幫忙，造成投入書店事業的門檻過高，阻礙產業發展。

◎圖書月結制轉寄售的可能：

多數的獨立書店皆是月結制，對於轉寄售制，並不是所有書店都有所傾向。一來是銷結帳務系統無法支持；二來是，原先月結制的進貨折扣便已偏高，轉寄售制是否還會再調高進貨折扣，是書店主要卻步的原因。然而，月結制之付款金額，確實是獨立書店的主要壓力之一，倘若營收減少，過高的進貨金額將無法支付，多數會以減量進貨、控制進出書籍的數量，無論何者，皆不利書籍流通，造成消極經營的惡性循環。

針對經銷商採月結制度造成的阻礙，來自於「出版社—經銷端」仍以月結制度結款，此點該如何有效解決，有待產業內部達成共識。

三、針對獨立書店內部之建議

由於獨立書店向來在台灣分布極廣，彼此訊息無法有效傳達，面對圖書產業內部變化沒有平臺可供研議、討論，對於外部的補助資源、政策建議，以及面向讀者、出版社、經銷商皆無法有發聲管道，僅能單打獨鬥面對。

有鑒於此，二〇〇八年筆者便結合另外七家獨立書店，共同組成「集書人文化事業有限公司」，以「集書人文化—獨立書店聯盟」成立一個共通平臺，作為獨立書店內外部聯繫、發聲的管道。然而日益緊迫的環境壓力，以及有限的民間、官方資源的投入下，運作將近兩年餘，不得不忍痛宣布暫時停止營運。

即便如此，聯盟的存在與對協助獨立書店種種發展的影響，無論是來自獨立書店自身，或者出自出版業界、讀者的評價都是正面的。未來能否再重啟運作，對於現存以及未來崛起的獨立書店而言，將會是一項積極的任務與課題。

說明：「獨立書店聯盟」的成立與發展歷程[23]

二〇〇八年十一月正式對外宣告成立的「集書人文化事業有限公司」，首度將八家書店集結納入，以「獨立書店聯盟」之姿，向讀者、通路商以及出版社發聲。筆者作為發起人之一，聯盟籌備當時，對於「何種書店應當納入」有一番討論。最後達成共識，作為加入「獨立書店」的條件如下：一、經營圖書種類以新書為主，圖書作為主要營收，不得低於營業額七成，若有二手圖書，占比不得超過總書量三成。二、書店經營特定社群，或者有特色經營主題。三、後續加入書店

註23 獨立書店聯盟結束運作之後，由東海書苑主導，於二〇一三年成立「台灣獨立書店文化協會」，推廣書以及獨立書店文化；水木書苑則於二〇一四年底，發起「有限責任台灣友善書業供給合作社」，以解決偏遠獨立書店的供書問題。

必須同意，經營面向不得以聯合議價、壓低進折等作為首要營業目標，營利為必須，但非生存的唯一首要之必要手段。

因此，以新書為主要經營類屬（條件一），並且帶有特定社群、特色主題經營（條件二）的書店，便成為聯盟判別是否為「獨立書店」的標準。若有滿足兩者條件欲加入的書店，則進行條件三的溝通，再由各書店確認，是否同意該書店加入。然而，由於能夠同時滿足這兩種條件的書店，為數稀少，因此，在聯盟發起之時，便有僅能滿足條件二的書店[24]；而後續，對於是否放寬書店之加入條件，亦有一番討論——主要乃針對如「法國信鴿書店」這樣專營法文圖書進口，以及爭取具有特色的二手書店加入等……

「獨立書店聯盟」排除條件的設立，跟它成立的目標有關：主要是為了解決新書圖書產業內部的問題，以及同時向出版

註24 竹北草葉集。加入聯盟當時為草葉集3.0，二〇〇九年末結束3.0在竹北的營運，遷移至台北內湖，不定期開放，為草葉集4.0。

社、讀者發聲、現影，使其注意到「另一通路」的可能。

主要的環境情境在於，大約是二〇〇八年年中左右，若干書店便從出版同業內部訊息得知，誠品書店將於同年年底，大規模地針對往來的出版社、通路商啟用寄售制度。已然成為強勢通路之一的誠品寄售制，對於出版面貌的變格，可以預估的影響，主要將發生在出版類型的轉向。

長期以來以月結制養書的出版社，要改為寄售制，意味著原本面對必須應付每月銷結的壓力，短期內將轉向以好賣、容易賣的圖書作為出版重心，而這對於以文學藝術、文史社科類為主要經營的獨立書店而言，可能將面臨「無書可賣」的窘境。

此外，這八家集結的書店，大多數在當時皆意識到，已經陸續開打的折扣競爭，加上圖書產業持續低迷的內部、外部擠壓，使得出版社及讀者，紛紛轉向強勢通路行銷，買書。因此，如何讓兩者注意到獨立書店的存在，吸引出版社將行銷資源分散到獨立書店，以及讓讀者能夠更容易獲得獨立書店的各種訊息，是聯盟成立之時的另一個目標。

二〇一〇年三月，在聯盟的股東會上，所有旗下的書店都同意，因為加遽變形的圖書折扣戰，已然壓迫到獨立書店的生存空間，因此，同年七月，在台北市文化局的補助，以及出版同業的贊助下，假台北市敏隆講堂舉辦一場「烽火連天，誰倖存」的反折扣戰研討會，請到出版業上（出版社）、中（經銷商）、下游（獨立書店）現身說法，面向讀者，首度公開檢視惡性折扣競爭，對於出版文化產業、閱讀環境的嚴重影響。將近兩百人參與的研討會，在結束之後，通路的折扣戰並未因此銷聲匿跡；反折扣戰的呼聲，也並未消聲瘖啞，在產業內部、已被激發意識的讀者群間發酵。

二〇一〇年九月，獨立書店聯盟對外宣布，暫時停止營運。而這個決議，反應了絕大多數獨立書店的處境：在面對環境擠壓的情況下，他們其實沒有多餘的人力、財力，去改變整個通路環境與條件。因此，每家書店暫時回歸維繫自身書店的運作，不再能有多餘的資源，以維持聯盟的合理運作。

目前，各家獨立書店皆有意再重啟運作，然而，如何改善、調整，以便與經銷商、出版社、讀者溝通，並且吸納各項民間、官方資源投入於此平臺的發展，有待協商討論。

開店指「難」：第一次開獨立書店就□□！

作者　虹風（沙貓）
封面設計　吳欣瑋　torisa1001@gmail.com
排版　李君慈　吳欣瑋
內頁插畫　陳采瑩
文字校對　游任道　劉虹風
總編輯　劉虹風
責任編輯　游任道
出版　小小書房－小寫出版（小小創意有限公司）
負責人　劉虹風
地址：234 新北市永和區文化路 192 巷 4 弄 2-1 號 1 樓
電話：02 2923 1925－傳真：02 2923 1926
http://blog.roodo.com/smallidea
smallbooks.edit@gmail.com
總經銷　大和書報圖書股份有限公司
地址：248 新北市新莊區五工五路 2 號
電話：02 8990 2588－傳真：02 2299 7900
印刷　約書亞創藝有限公司　joshua19750610@gmail.com

初版二刷　二〇一七年三月
ISBN　978 986 91313 3 9
定價　新台幣三〇〇元

國家圖書館出版品預行編目（CIP）資料

開店指「難」：第一次開獨立書店就□□！/ 虹風作 — 初版
新北市：小小書房，2017.02
292 面；10.4×14.8 公分
ISBN 978-986-91313-3-9（平裝）
1. 書業　2. 商店管理
487.6　　105023172